区域绿道设计与交通网络

康学建　贾勤贤　著

吉林科学技术出版社

图书在版编目（CIP）数据

区域绿道设计与交通网络 / 康学建，贾勤贤著．--

长春：吉林科学技术出版社，2024.5

ISBN 978-7-5744-1406-8

Ⅰ．①区… Ⅱ．①康… ②贾… Ⅲ．①城市道路－道路绿化－景观规划－研究②城市交通网－交通规划－研究Ⅳ．① TU985.18 ② U491.1

中国国家版本馆 CIP 数据核字（2024）第 101872 号

QUYU LVDAO SHEJI YU JIAOTONG WANGLUE

区域绿道设计与交通网络

著 者	康学建 贾勤贤
出 版 人	宛 霞
责任编辑	靳雅帅
封面设计	树人教育
制 版	树人教育
幅面尺寸	185mm×260mm
开 本	16
字 数	260 千字
印 张	11.75
印 数	1~1500 册
版 次	2024 年 5 月第 1 版
印 次	2024 年 12 月第 1 次印刷

出 版	吉林科学技术出版社
发 行	吉林科学技术出版社
地 址	长春市南关区福祉大路 5788 号出版大厦 A 座
邮 编	130118

发行部电话 / 传真 0431-81629529 81629530 81629531
　　　　　　　81629532 81629533 81629534

储运部电话 0431-86059116

编辑部电话 0431-81629520

印 刷	三河市嵩川印刷有限公司
书 号	ISBN 978-7-5744-1406-8
定 价	68.00 元

前　言

随着国民经济的飞速发展，我国正处于快速城市化阶段。一方面，人们的生产活动与生活空间上的聚集使城市不断向外扩张，造成了自然环境污染、生态破坏、交通拥堵等一系列问题，并且城市中的自然环境面临着严重的威胁，一些具有重要纪念价值和教育意义的历史文化遗产的保护也面临着前所未有的压力。另一方面，人们生活的物质水平不断提高，但是工作生活压力却越来越大，因而人们更不能满足已有的休闲形式，绿色、安全的休闲活动空间是所有人都渴望的。绿道的产生正是在人们渴求改善城市绿色空间环境、建立人性化绿色步行通道及连通城市生态网络的基础上形成的。

绿道不仅提供了优美的生态环境，还连接了城市的各个角落，为市民提供了便捷的交通和休闲场所。在绿道的规划设计中，如何实现生态、景观、交通功能的和谐统一是关键。这就需要对绿道进行科学合理的设计，使之能够与周边的环境相协调，同时满足人们的出行需求。交通网络作为绿道的重要组成部分，其规划和设计对绿道的整体效果和功能实现有着至关重要的影响。

本书将深入探讨区域绿道设计与交通网络的关系，从多个角度出发，全面分析绿道设计的原则、方法以及与交通网络的结合方式。通过丰富的案例和实践经验，我们将引导读者了解如何更好地规划和设计区域绿道，使之成为提升城市品质、改善生活环境的有效工具。

希望通过阅读本书，读者能深入理解区域绿道设计与交通网络的关系，掌握相关知识和技能，并在实际工作中加以运用。从而推动城市的可持续发展，为建设美好的人居环境作出贡献。

在写作过程中，一些同行专家、学者的有关著作、论文，开阔了笔者的视野，提高了笔者的专业认识与水平，笔者在本书中吸取了他们的一些研究成果，在此谨致诚挚的谢意。限于笔者水平有限，书中难免有许多不妥之处，恳请同行专家、学者和广大读者给予批评指正。

目　录

第一章　绿道概述

第一节　绿道及相关概念辨析

一、绿道的概念

美国学者查尔斯·莱托指出"绿道"（green way）一词最早由威廉·H. 怀特在1959年提出并在正式文件《美国户外报告》中首次使用。该报告认为，户外的自然风景应是由"绿道"网络组成的，人们可以通过绿道轻松地到达周围的各种开敞空间，绿道网络会像一个巨大的循环系统，将城市和现存空间有机地结合起来。这是首个比较系统的描述绿道的功能与形态的文件。

查阅中国知网数据库，在《世界建筑》1985年第2期的《冈山市西川绿道公园（日本）》（付斌，1985）中，"绿道"首次作为标题关键词出现。此文对伊藤造园事务所设计的"绿道公园"进行了介绍，也是中国的正式期刊文章首次使用"绿道"这一词汇。这篇文章的英文标题为Saikawa Boulevard Park，Okayama，Japan，1975~1983，其中"Boulevard"一词翻译成"绿道"，与本书绿道概念对应的英文单词"green way"有所不同。首次将"green way"翻译成中文"绿道"的是叶盛东，他在1992年发表的文章《美国绿道简介》中有此处理。从2000年开始，中国国内关于"绿道"的学术文献开始增多。

国内外诸多学者已对绿道的概念进行过阐述，表1-1是笔者根据相关文献总结的不同学者对绿道的定义。

本书的研究对象"绿道"是一个广义概念，但是不管如何定义，都会存在一定的局限性。首先，关于"绿道"一词的翻译，英语"green way"翻译成中文的时候由于译者的理解不同会出现不同的解释，如之前有学者将其翻译成"绿色通道""绿色廊道""绿脉""生态廊道"等。也有学者指出，"绿道"一词在欧洲景观学派中对应的是"green corridor"，而在美国景观学派中对应的是"green way"。虽然存在一些翻译上的问题，但在现阶段"green way"是一个比较完整的综合性概念，包含历史文化保护、生态环境保护、生物多样性保护等内容，而且中国学者在这一学术领域和相关实践中已经普遍认可"绿道"为"green way"对应的中文翻译。因此，本书也使用"绿道"一词。其次，虽然绿道在不同的环境和条件下有着不同的含义，但是学者在对绿道的概念进行描述时，基本认同形式和功能是绿道的两个基本方面。绿道的形式是线性的，能够连接其他的绿地类型；绿道的功能是多样的，具有生态、交通、游憩、经济等多种功能，如有以生物保护为主的绿道，有以休闲为主的绿道，有以历史古迹保护为主的绿道，也有为野生动物提供通道的绿道。

表1-1　国内外绿道概念总结

福尔曼和戈登（1983）	两边都与基质不同的狭长的带状土地，从结构上分类，廊道有三种类型：线性廊道、带状廊道和河流廊道
美国户外报告（1987）	未来的户外风景应是一幅由"绿道"网络组成的生动画卷，人们能够方便到达居住地周围的开敞空间，绿道将城乡空间有机地联系起来，就像一个巨大的循环系统连接城市和乡村
查尔斯·E.利特尔	绿道是沿着河道、山脊线等的自然廊道，或者是沿着废弃铁路线、风景路等人工走廊所建立的线性开敞空间。它是连接公园、自然保护地、名胜区、历史古迹等的开敞空间纽带
施瓦茨·弗兰克·西恩斯（1993）	任何一条绿道都可以为居住在附近的人带来很多好处，可以是一条无污染的上下班通行道、一条供骑马和骑自行车的人使用的道路，也可以是一种为野生动植物提供栖息地的手段、一种缓解住宅发展或农业活动用地压力的方法，还可以是一种保护该地域景观或历史特征的途径
埃亨（1995）	一种以土地可持续利用为目标而规划或设计的，包括生态、娱乐、文化、审美等内容的土地网络类型。该定义包含五层含义：①绿道是线性的；②绿道的特征是连接的；③绿道是多功能的；④绿道是可持续发展的，能维持自然生态与经济发展相对平衡；⑤绿道是完整的网络系统
J.G.法伯斯（2004）	不同宽度的廊道，它们在绿道网（2004）络中相互连接，就像互连着的高速公路网络和铁路网络一样。绿道是具有重要生态意义的廊道、游憩绿道和具有文化与历史价值的绿道
特纳（1995）	绿道从环境角度而言被认为是好的一条道路，这条道路不一定为人类服务，也不一定两侧长满了植物，但一定是对环境有积极意义的
西蒙兹（1998）	绿道是为车辆、步行者和野生动物提供的通道，之所以称为绿道是因为它们为植物所环绕，其在尺度上变化很大，从林地小径到穿越大范围山地的国家公园道都算
意大利绿道协会（2006）	绿道是限制机动车进入、环境友好的通道系统，其将城市与广大农村地区的风景资源和人们的生活活动中心连接起来
欧洲绿道联合会（2000）	绿道：①专门用于轻型非机动车的运输道路；②已被开发成以游憩为目的或为了承担必要的日常往返需要（上班、上学、购物等）的交通线路，一般倡导在这类道路上采用公共交通工具；③处于特殊地位的部分或完全退役的曾经被较好恢复的上述交通线路，其被改造成适合于以非机动车出行的人使用，如徒步者、骑自行车者、使用限制性机动车（指被限速或特定类型的机动车）者、轮滑者、滑雪者、骑马者等
珠江三角洲绿道网总体规划纲要（2010）	绿道是一种线性绿色开敞空间，通常沿着河滨、溪谷、山脊、风景道路等自然和人工廊道建立，内设可供人和骑车者进入的景观游憩线路，连接主要的公园、自然保护区、风景名胜区、历史古迹和城乡居住区等，有利于更好地保护和利用自然、历史文化资源，并为居民提供充足的游憩和交往空间

综上所述，笔者认为"绿道"是以生态功能为基础，具有游憩、遗产保护、教育和经济产业等多种功能，同时能连接其他开敞空间形成绿色生态网络的线性绿色开敞空间。

二、与绿道相关的概念辨析

1. 绿道与绿带的概念区别

绿带（greenbelt）的概念最初源于埃比尼泽·霍华德的"田园城市"理论。19 世纪末，霍华德认为绿带是"一条环绕着田园城市的农业'乡村绿带'，用来维护乡村完整性以防止城市的蔓延"（金经元，2000）。恩温在 1933 年提出了建一条宽 3~4km 的"绿色环带"的规划方案，绿带围绕在伦敦城区的外围。该方案将公园、果园、农田、教育科研用地等纳入绿道范围内，通过这种"绿色环带"的形式来限制城市的无限扩张，保持乡村田园景观。

绿带与绿道有相似点，但不完全相同。绿带一般建设在城市外围，避免彼此独立的社区成为"组合城市"，这样既保持了城市附近的乡村环境，也阻止了其他城市定居点与该城市相连，是防止城市无限蔓延的有效绿地类型。绿道除绿带所具有的功能外，也作为人类活动的通道或者野生动植物运动迁徙的廊道，同时还具有生态、休闲游憩等功能。绿道具有多功能性，而绿带（绿化隔离带）的功能比较单一。但不可否认的是，绿带的设计理念在当时是具有进步性和前沿性的。

2. 绿道与公园道的概念区别

"公园道"这一概念在 1865 年由奥姆斯特德提出。他在 1887 年的波士顿公园系统规划中提出将城市的 9 个主要绿地连接起来，形成波士顿"翡翠项链"。后来该系统成为美国最早的公园绿地系统。在 1890 年的明尼阿波利斯公园体系规划中，西奥多·沃斯和 W.S. 克利夫兰规划了长 93km 的连接公园和林荫道的公园道网络。

与绿道相比，公园道的功能主要是连接大型公园和休闲空间的绿色走廊，增加市民接近自然环境的机会。因此，公园道的概念更重视人的游憩感受和人对绿色线性空间的使用，而绿道的概念中除有上述内容之外，也具有生态环境和生物多样性保护方面的内容。

3. 绿道与城市道路绿地的概念区别

城市道路绿地是指广场绿地、交通岛绿地、道路绿带和停车场绿地等在道路及广场用地范围内的可进行绿化的用地。

城市道路绿地属于《城市绿地分类标准》"G4 附属绿地"中的一种类型，与绿道不属于同一个分类体系。但是，城市道路绿地是绿道的重要类型之一，是城市绿道的重要组成部分。绿道在内容和功能上包含城市道路绿地。

4.绿道与绿色廊道的概念区别

"绿色廊道"一词对应的英文是"green corridor"，也是国内相关领域研究中较为常见的一个概念。此概念直接来源景观生态学中"廊道"一词。郭巍等认为绿色廊道泛指连接绿色开放空间的线性通道，它具备较强的自然特征。具体来说，是指具有一定宽度的，以步道和植物为主要造景要素的带状绿色空间。

绿色廊道的特征和形态均与绿道相似，但是二者在功能上稍有不同。绿色廊道是从景观生态学角度定义的，是指以植物绿化为主的线形或带状要素，在功能上更强调其作为一种大尺度的生物通道。而绿道的功能更加综合，具有生态、游憩、历史文化、交通等层面的综合性功能。

5.绿道与生态网络的概念区别

生态网络是以农地、河流和植被带为主，按照自然规律相连接的自然、稳定的空间，强调自然的特点和过程。生态网络包含城市滨水绿带、街头绿地、庭园、自然保护地、苗圃、农地、山地等自然要素，通过节点、楔形绿地和绿色廊道等形式，构成一个能够自我维持的，自然、高效、多样的绿色空间结构体系。

绿道和生态网络的区别主要在功能上。绿道建设的初衷是将其作为连接城市和乡村的通道，方便人们进入自然环境中，而生态网络建设的初衷是保护欧洲的生物物种和重要栖息地。后来，随着绿道和生态网络概念的不断拓展，二者的功能和内涵越来越趋于一致，都演变成供生物栖息和运动迁徙的基本结构。在形式上，绿道以线性结构为主，也可能相互连接形成网络状结构，而生态网络则包含节点、廊道等结构，是一个更加综合的结构。可以说，绿道是构建生态网络的连接框架。

6.与绿道相关的术语

与绿道相关的术语还有生态网络（ecological networks）、栖息地网络（habitat networks）、生态基础设施（ecological infrastructure）、野生生物廊道（wildlife corridor）、滨水缓冲带（riparian buffers）、生态廊道（ecological corridor）、环境廊道（environmental corridors）、绿带（greenbelt）、景观连接（landscape linkages）等。

三、城市绿道的概念

城市绿道由于处于城市环境中，并且受各种外界因素的影响和限制，因此其结构更加复杂，功能也更加多样。城市绿道具有以下四大方面要素：第一，地理位置。一般来说，城市绿道的范围分为城市市域和城市建成区两种，本书将城市绿道范围限定在城市建成区内。第二，空间结构。绿道的空间结构以线性或网络状结构为主，在城市中多以自然或人工的线性形式分布，具有很高的连通性及可达性。第三，多功能性。包括生态功能、游憩功能、遗产保护功能、教育功能、经济产业功能等，它将多种目标及功能整合了起来。第四，可持续性。绿道能够将自然保护和人类发展需要相协调，实现可持续发展的目标。

城市绿道的定义可以从广义和狭义两方面来理解。从广义层面来讲，城市绿道是指在一个城市尺度上（100~10000 km²）的绿道及其组成的绿色空间网络。从狭义层面来讲，城市绿道就是在地理位置上位于城市建成区内的绿道。城市绿道是指在城市环境中将各种自然和人工要素连接起来，形成的多功能性城市线性绿色开放空间。其在城市的生态环境改善、文化遗产保护和引导城市生长等方面具有重要的意义。城市绿道既可以是一条供步行者或骑自行车者使用的游憩路径，一条无污染的上下班通勤道，一种缓解城市发展和住宅用地压力的载体，也可以是一种保护地域景观、生物栖息地和物种多样性的途径，一种具有提供净化水质及改善环境等生态系统服务功能的手段。

第二节　城市绿道分类

一、绿道分类研究

笔者通过查阅文献资料发现，不同学者基于绿道的尺度、功能、空间特征等从不同角度提出了绿道的分类方法（表1-2）。

表1-2　不同学者提出的绿道分类方法

学者	绿道的类型
埃亨	（1）市区级绿道（1~100 km²）；（2）市域级绿道（100~10000k㎡）；（3）省级绿道（10000~100000k㎡）；（4）区域级绿道（＞100000k㎡）
埃亨	（1）水资源保护绿道；（2）生物多样性绿道；（3）历史文化保护绿道；（4）休闲娱乐绿道
法布士	（1）游憩型绿道；（2）具有生态意义的走廊和自然系统的绿道；（3）具有历史遗产和文化价值的绿道

学者	绿道的类型
利特尔	（1）河流绿道：该类绿道常常是开发项目的一个组成（或者替代）部分，但往往位于被忽视的破败的城市滨水区。（2）游憩绿道：充满个性特色的多种类型道路。该类绿道距离通常比较长，以自然廊道、运河、废弃铁路以及公共通道为基础。（3）生态自然绿道：该类绿道往往沿河流、小溪以及少数山脊线而建，有助于野生动物的迁徙、物种交换，也便于人类开展自然研究以及远足运动。（4）风景和历史文化绿道：该类绿道常常沿道路、公路或少数水路而建，其中最典型的就是为行人提供沿着公路和道路的通道——使行人远离汽车的威胁。（5）全面的绿道系统或网络：该类绿道一般依附于自然地形，如山谷或山脊，有时仅仅是一些随机组合的绿道或多类型的开放空间，是一种可供选择的市政或者地区的绿色基础设施
理查德·T.福尔曼	（1）线性绿道是指全部由边缘物种占优势的狭长条带（如树篱、城市公园路、沟渠、铁路等）。（2）带状绿道是指有较丰富内部种的较宽条带（如高速公路、带状公园、防护林带、城市景观隔离带、城市残留的自然林带等），每个侧面都存在边缘效应，足够形成一个内部生境。（3）河流绿道是指河流（如城市河流、小溪等）两侧与环境基质有区别的带状植被，又被称为滨水植被带或缓冲带。河流绿道一般包含河道边缘、河漫滩、堤坝和部分高地
莫方明	（1）山林型绿道；（2）滨水型绿道；（3）绿地型绿道；（4）道路型绿道；（5）农田型绿道
宗跃光	（1）人工廊道（以交通干线为主）；（2）自然廊道（以河流、植被带，包括人造自然景观为主）

二、本书的城市绿道分类

分析国内外不同学者对绿道的不同分类方法，可以总结出在做绿道分类时，通常是依据绿道的尺度、空间形态、功能和依托的主要资源类型等进行划分的。

本书在综合上述分类方法的基础上，基于城市绿道所依托的主要资源类型，将城市绿道分为以下四种类型：①城市山林型绿道；②城市滨水型绿道；③城市绿地型绿道；④城市道路型绿道。

城市山林型绿道：沿城市地形起伏的山体地区，是山林景观观赏效果良好的绿道类型。山林型绿道通常经过城市的自然林地、风景名胜区、森林公园等绿地。城市滨水型绿道：沿城市河流等水体岸线，是具有良好的滨水景观与亲水环境的绿道类型。城市绿地型绿道：主要经过和连接城市公园、历史名园、植物园等，是景观效果良好、绿化率高的绿道类型。例如，综合性公园、带状公园、植物园、历史名园、风景名胜公园等都是潜在的城市绿地型用地。城市道路型绿道：依托城市道路的慢行系统，是具有良好的景观效果的绿道类型。

需要说明的是，绿道是一个综合性的概念，其通常表现为以一种或者几种类型特征为主，兼具其他类型特征的情况。因此，不同类型的绿道在内容和特征上会有重复的情况。为了方便理论研究和资料梳理，本书主要侧重于以绿道依托的资源类型对其进行分类。

第三节　城市绿道构成与功能

一、城市绿道的构成

城市绿道主要是由绿廊系统、慢行系统、交通衔接系统、服务设施系统和标识系统所构成（表1-3）。

表1-3　绿道基本要素

系统名称	要素名称	备注
绿廊系统	绿化保护带	
	绿化隔离带	
慢行系统	步行道	根据实际情况选择其中之一进行建设
	自行车道	
	综合慢行道	
交通衔接系统	衔接设施	包括非机动车桥梁、码头等
	停车设施	包括公共停车场、公交站点、出租车停靠点等
服务设施系统	管理设施	包括管理中心、游客服务中心等
	商业服务设施	包括售卖点、自行车租赁点、饮食点等
	游憩设施	包括文体活动场地、休憩点等
	科普教育设施	包括科普宣教设施、解说设施、展示设施等
	安全保障设施	包括治安消防点、医疗急救点、安全防护设施、无障碍设施等
	环境卫生设施	包括公厕、垃圾箱、污水收集设施等
标识系统	信息墙	
	信息条	
	信息块	

1.绿廊系统

绿廊系统由自然环境和人工创造的环境组成，主要包括野生动植物、土地、地域性植被和水体等要素，具有生态保护、科普教育、生产防护等功能。绿廊系统是绿道的生态基底，也是构成绿道系统的核心内容。

2.慢行系统

绿道的慢行系统主要包括综合慢行道、自行车道、步行道三种类型，一般情况下，根据场地现状条件，选择其中一种进行建设（大多选择建设自行车道）。如果现状条件允许·也可以考虑建设综合慢行道。

3.交通衔接系统

绿道是一种线性的空间,在局部地区与主要国省道、轨道交通、城市干道共线或接驳。

绿道的慢行交通体系与城市道路快速交通系统明显不同，导致在交互处容易出现两种交通方式不兼容的情况。因此，在城市绿道建设中，需要考虑如何处理绿道与轨道、道路交通的衔接区域的设计问题。

4. 服务设施系统

该系统主要包括安全保障设施、管理设施、游憩设施、环境卫生设施、科普教育设施和商业服务设施等。

5. 标识系统

该系统主要包括指路标识、安全标识、教育标识、信息标识、警示标识和规章标识六大类。各类标识必须简洁清晰、统一规范，以满足绿道使用的指引功能。

二、城市绿道的功能

1. 生态功能

绿道是一种线性或带状的景观要素，它可以作为野生动植物的"运动"（扩散迁徙）和迁徙通道，也具有维持生物多样性的功能，对保护生态环境具有非常重要的价值和意义。其在保护生物多样性方面主要有五种功能。

（1）生物栖息地

绿道主要作为边缘种和一般种的栖息地，某些多栖息地适应种和外来入侵种也会将绿道作为栖息地。但稀有物种和濒危物种一般不会将绿道作为栖息地，除非周边区域内仅存的自然植被在绿道中。线性绿道由于宽度的限制，其拥有的主要物种是边缘种，而带状绿道和河流绿道的宽度较宽，其中通常既有边缘种又有内部种。河流廊道在大尺度景观格局中能把更多的栖息地小斑块连接起来，创造出较为复杂、规模较大的栖息地以供大型野生生物生存。

（2）生物通道

绿道作为斑块与斑块之间、斑块与基质之间、基质与基质之间的通道，能够传递基因、种子、能量，也可作为动物的运动通道。具体来说，绿道是植物散播的通道，植物种子会沿着绿道随风"运动"，或者附着在动物身上被带到其他地方。河流廊道也是植物散布和传播种子的通道。滨水带植物的种子和果实落入河流，靠水流向下游传播。

（3）生物的过滤和屏障

绿道能够阻挡或者过滤基因的传播。它的功能类似于"半透膜"，对一些生物而言是屏障，能够阻挡动物跨越到绿道的另一侧，使得动物沿着绿道运动或者反向运动。而对于另一些生物，绿道则是半屏障，能减少某些跨越绿道的生物数量或者过滤种类，起到生物筛选的作用。

例如，一些人工走廊（如高速公路）和运河对部分野生动物的运动将形成障碍，可能会导致某些小型生物无法穿越绿道，但某些大型动物仍能够顺利通过。河流绿道相对于某些动物来说是难以跨越的。荷兰对河流绿道的相关研究表明，河流绿道阻止了大型哺乳动物的穿越，但能为蝴蝶和小型哺乳动物提供迁徙媒介。

（4）生物的汇

绿道作为"汇"可能有几种情况。当绿道穿越大片的森林或者田地时，原本存在于基质中的动植物，为了运动（迁徙）或者扩散，就会从周围的基质向绿道中运动；或者在生物跨越绿道时，部分动植物留在了绿道中；抑或当绿道的栖息环境明显好于周围环境时，动植物也会向绿道中汇集。

（5）生物的源

绿道可以为生物栖息地的重建提供物种来源和水源等资源。当绿道穿越大片的森林或者田地时，原本沿绿道运动的动植物就会向周围的基质中扩散，绿道就成为"源"。绿道可能是野草或者害虫的"源"，也可能是捕食性昆虫和鸟类的"源"。当绿道中的动植物出生率超过死亡率或者大量生物个体集中到绿道中时，高质量的绿道还可能是野生生物的"源"。

城市绿道在自然环境保护方面，可以维持碳氧平衡、净化空气、保持水土和保护生物资源（如野生动物、水、植物、土壤等），恢复城市中已经破碎化的栖息地，在其间重新建立联系，为动植物的生存和繁衍提供栖息地和通道，从而恢复城市中原有的动植物种类和生态结构，达到保护生物多样性的目的。

但绿道也存在许多生态学方面的负面影响：其一，可能会提高疾病和外来物种的传播速度；其二，降低种群间的遗传变异水平；其三，与濒危物种的传统保护方向相对立；其四，SLOSS 的争论，即通过廊道减少破碎化与保护大的斑块之间存在争议。

2. 游憩功能

绿道能连接城市中相互孤立的绿地，连接人们的出行地和目的地，供人们散步、慢跑或者骑自行车。人们在空闲时间可以到社区附近的绿道中开展休闲娱乐活动。在绿道内部以及绿道与城市其他绿地之间，建立一个连续性的尺度适宜的与机动车相隔离的慢行交通系统，利用植物、水体等元素替代冰冷的水泥、沥青，给步行者或者骑行者创造一个安全、健康的绿色交通网络，可以提高居民的生活质量。同时，绿道将城市和自然重新联系起来，人们可以通过绿道返回到自然中去，从而增加了人们与自然接触的机会。

3.遗产保护功能

绿道可以有效地串联各种有代表性的历史文化古迹和自然人文景观资源，如连接重要的风景名胜、文化遗址、公园等景点，增加和丰富所在地区人们的乡土和历史认同。在有效地保护历史文化资源本身及周边环境的同时，绿道也能将历史文化资源空间展示体系构建出来，强化城市的文化特色，让人们从中了解城市的历史，增加归属感和认同感。

4.教育功能

在绿道带来的社会效益中，绿道的教育功能往往最容易被忽略。

基于绿道的景观美学、游憩及城市风貌塑造的作用，绿道可以作为学习和教育的媒介。城市化进程加快，城市范围不断扩大，导致人与自然接触的机会减少，特别是青少年很难再去自然中学习成长。而绿道可以给身处其中的人提供大量的亲身感受自然、体验自然的机会，让其在休闲娱乐的过程中，学到自然科学知识，提高保护自然的意识。

5.经济产业功能

绿道作为城市中难得的自然资源，能吸引大量的人流聚集。绿道可以改善和提升环境质量，吸引更多的人来当地旅游、消费和投资，从而带动地方经济的发展。美国的迈阿密风景小道在建成后，每年可以为俄亥俄州沃伦县吸引 15 万~17.5 万的游客，为当地创造 277 万美元左右的商业收入和 200 万美元以上的旅游收入。绿道具有的生态资源、景观资源、潜在市场等诸多利好因素，大大提升了沿线土地的价值（周年兴等，2006）。而且，绿道为人们提供高质量居住环境，可以大大降低心脏病、糖尿病和癌症等疾病的发病率，节省相关的医疗开支。

第四节　城市绿道建设的主要策略

一、保护性策略

保护性策略是指在场地未受到干扰或者受到很小干扰的情况下，提前对场地进行保护，防止进一步破坏。这种措施的采用主要是为了减少土地破碎化所带来的负面影响，将破碎化的、孤立的生境进行重新连接并加以保护。通过这种方式，绿道可以为不断减少的自然资源加上屏障，减缓或者停止破坏的进程。这类绿道一般包括城市公园、自然森林、湖泊、湿地等。

例如，波士顿"翡翠项链"公园系统，通过绿道将波士顿公地、后湾沼泽地和泥河等九个城市公共绿地连接起来，既增加了附近居民进入公园的机会，又保护了这些城市中的重要绿色空间，防止城市开发建设的占用。

二、恢复性策略

恢复性策略是指在场地已经受到干扰或者污染之后，通过生态恢复等手段重新建立或恢复场地的自然状态，这种策略就是让自然重新"入侵"场地。这种恢复需要大量的资金和人力投入，也是绿道建设中常见的办法。这类绿道一般包括棕地修复、人工河道的生态修复以及山林的生态恢复等。

例如，美国得克萨斯州休斯敦的布法罗河口绿道，曾经是休斯敦市中心附近被高架桥包围、水质污染严重、犯罪率较高的一块场地。SWA 设计事务所对场地进行了生态修复改造，采取了生态驳岸设计，重新种植大量乡土性和观赏性植物，改善场地的照明设施等一系列手段，并且通过绿道将城市和河流重新建立起联系，进而将河流改造成既具有生态价值又风景宜人的城市绿色开放空间，将河流重新融入城市环境中。

第五节　城市绿道植物多样性

目前，专家学者对城市绿道植物多样性没有一个很明确的定义。笔者综合相关概念和理论，将城市绿道植物多样性定义为城市绿道范围内植物物种的总和，包括天然物种和栽培物种，是生物多样性中以植物为主体，由植物与植物之间、植物与环境之间相互作用所形成的复合体及与此相关的生态过程的总和。

一、植物多样性思想在个别案例中有所体现

在 19 世纪中期以前，人们没有植物多样性营造的思想观念。例如。17 世纪的法国古典主义园林中植物的功能以造景为主，通过整齐的修剪、造型，突出人工园林的规整美，起到强化景观轴线的作用。1856 年，法国在布洛尼林苑和市区之间修建了林荫大道，中间为马车道，两旁种植行道树。可以说，这类林荫大道已经具备绿道的交通和游憩等功能，人们开始试图将自然环境引入城市，但是这时候植物的主要功能仍是以装饰和造景为主。

19 世纪中期，奥姆斯特德等在波士顿地区规划了一条被誉为"翡翠项链"的波士顿公园绿道。这条长约 16km 的绿地系统连接起波士顿公地、公共花园、马省林荫道、滨河绿带、后湾沼泽地、河道景观和奥姆斯特德公园、牙买加公园、阿诺德植物园和富兰克林公园九个城市公共绿地。设计最初的目的是希望利用公共绿地来改善城市恶劣的生活环境，增加市民进入公园的机会，并试图将城市公园用线性的公园道等方式连接起来。

值得注意的是，在波士顿"翡翠项链"绿道中，已经体现出一些植物多样性保护的思想。奥姆斯特德在对河流进行改造的过程中，坚持恢复河流的自然原始形态，并恢复了已经消失的湿地和滩地。在洪泛滩地的生态恢复中，人们沿河岸两侧种植了约 10 万株耐盐碱、耐水湿的灌木类、攀缘类和各种花卉植物，从而恢复了沼泽地整体的自然演进过程。在后湾沼泽地公园中则尽可能地保留原有的咸水沼泽生境，并营造出草坪、林中草地、灌木丛、混交林等多种自然生境，同时在场地中减少建筑的建造，为生境扩展留出足够的空间，从而营造出城市咸水沼泽生境。在不同生境之间实行分区管理，减少人类活动对生境的干扰。

19 世纪末，奥姆斯特德的学生查尔斯·艾略特在奥姆斯特德工作的基础上，完成了波士顿都市区公园系统，建立了一个以五种基本景观类型（海岸线、河湾、港湾、大片林地、城市广场）为结构的开放空间系统。他在 1890 年发表了《摇曳的橡树林》，为植物多样性理论研究作出了贡献。他在文章中呼吁保护位于美国马萨诸塞州贝尔蒙特山的一片桦树林。后来，查尔斯·艾略特在 1896 年完成了名为"保护植被和森林景象"的研究。他在该研究中提出了"先调查后规划"理论，该理论的主要贡献在于将景观设计学研究从经验主导转到科学、系统的研究上来。该理论甚至影响 20 世纪 60 年代以后的菲利普·刘易斯和伊恩·麦克哈格做生态规划。

20 世纪 60 年代，实施生态廊道规划受规划者环境保护思想的影响。生态保护方面的著作也相继问世，如蕾切尔·卡逊于 1962 年出版了《寂静的春天》，德内拉·梅多斯等在 1972 年出版了《增长的极限》，爱德华·哥尔德；史密斯于 1972 年出版了《生存的蓝图》。这些著作引起了人们对环境和生态问题的极大关注。随后，逐渐开始出现一些关于保护植物多样性的规划方法。比如，威斯康星大学的教授菲利普·刘易斯在 19 世纪 60 年代初提出了环境资源分析的地图研究法，并通过这种方法对威斯康星州的 220 处文化和自然资源进行了定义。他和同事在将这些资源进行地图上的定位和叠加后发现，这些文化和自然资源主要沿着廊道分布，主要集中在河流及主要的排水区域周围。他们将其命名为"环境廊道"。

1969年,美国宾夕法尼亚大学的教授伊恩·麦克哈格在其出版的著作《设计结合自然》中创造性地提出了一种新的土地评价方法——"千层饼"模式的土地适宜性分析规划方法。该方法通过评价不同场地各部分的生态价值,为后续对土地进行规划和利用提供依据。伊恩·麦克哈格的研究内容涉及大量的绿道规划问题,这在他所做的众多流域规划案例中尤其能体现出来。

二、植物多样性思想开始受到普遍关注

20世纪80年代以来,绿道的生态环境保护作用越来越明显,专家学者开始关注孤岛保护区野生动植物中的"岛屿种群"问题,以及提出自然廊道的存在是为物种交换提供空间,进而保证"岛屿种群"不至于灭绝。美国和欧洲的学者开始利用绿道解决城市自然和文化公园较少考虑野生动植物物种生存需要的问题。

关于绿道动植物多样性保护的思想,在美国学者出版的诸多著作中都有所体现。1990年出版的经典著作《美国绿道》一书中就有多个案例涉及植物多样性保护的研究。《景观与城市规划》杂志1995年第33卷"绿道"专辑中,学者们在一定程度上就绿道的定义和功能达成了共识,将绿道的保护动植物、提供野生生境的功能提到了一个新的高度。乔迪·A.希尔蒂等(2006)在《生态绿道——基于生物多样性保护的连接性景观的科学与实践》中,提出通过廊道连接栖息地形成生态网络框架的理念。同年,保罗·黑尔蒙德等(2006)在《绿道设计》中对绿道的生态功能进行了比较全面的论述,并提出了绿道作为生物的栖息地和迁徙廊道的理念,还提出了生态绿道的一些设计方法。同时,美国的绿道建设实践案例越来越多地体现出植物多样性保护的思想。典型案例有新英格兰地区绿道网络规划、波士顿罗斯·肯尼迪绿道、纽约高线公园、休斯敦水牛河漫步道、休斯敦河口绿道网络等。

欧洲的绿道动植物保护思想主要体现在通过绿道构建生态网络上。荷兰的容曼(1995)进行了基于自然保护目的的欧洲生态网络的规划与研究。英国的绿道网络研究主要集中在野生动物廊道方面,强调绿道作为野生生物线状开放系统的潜在疏导功能。米兰地区基于焦点物种的保护建立生物网络,并将生态网络作为地区自然保护或破碎化景观多功能利用的战略性策略。荷兰海尔德兰省通过在自然保护区之间建立绿道,强化生物栖息地之间的连通性,构建起方便动植物活动的绿色网络。欧洲利用生态网络进行区域甚至国家尺度的以自然保护为原则的生态规划,如"欧盟Natura2000"自然保护区网络,是欧盟最大的环境保护行动,也是欧盟在保护自然与生物多样性政策中的核心部

分。欧洲在营建绿道植物多样性方面也进行了大量的研究和实践，如伦敦东南绿链、德国柏林苏姬兰德自然公园、荷兰海尔德兰省"绿色纽带"工程等。

第二章　绿道规划相关理论

第一节　现代景观规划理论

现代景观建筑学经历了百年的发展，1986年，国际景观规划教育学术会议明确阐述景观规划学科的含义："这是一门多学科的综合性的学科，其重点关注土地利用，自然资源的经营管理，农业地区的发展与变迁、大地生态、城镇和大都会的景观。"同济大学刘滨谊教授认为，景观规划学基于风景园林和规划的学科背景，具有多学科交叉的特点，其实践的基本方面均蕴含三个不同层面的追求以及与之对应的理论研究，又称景观规划设计实践三元论。

（1）景观感受层面，基于视觉的所有自然与人工形态及其感受设计，即狭义的景观设计。

（2）环境生态绿化，环境、生态、资源层面，包括土地利用，地形、水体、动植物、气候、光照等自然资源在内的调查、分析、评估、规划、保护，即大地景观规划。

（3）大众行为心理、人类行为以及相关的文化历史与艺术层面，包括潜在于园林环境中的历史文化、风土民情、风俗习惯等与人们精神生活世界息息相关，即行为精神景观规划设计。

相对于传统园林，现代景观规划设计涵盖面更大，功能更加复杂，需要满足大众文化需求，讲求经济性和实用性，公园规划设计、居住区设计、绿道景观设计以大众为受众人群。现代景观规划设计专业涵盖面也非常广，涉及美学、生态学、心理学，不仅从形式美的角度考虑，还会从人类的身心需求出发，根据人在环境中的行为来研究如何创造赏心悦目同时具有游憩功能的景观环境。现代景观规划设计的制约因素也在不断变化，包括现代城市密度比较高、人多地少、环境被破坏、用地基础条件差等，所以在景观规划设计中要善于利用有限的土地，见缝插绿，保护和修复生态环境，来创造比较好的景观。

第二节　景观生态学

一、景观生态学的概念

景观与风景、景致所表达的内涵相似,都是视觉美学,依靠道路、景观节点、城市建筑、植被等元素的相互作用创造。瓦尔德海姆在《景观都市主义》中提出,景观都市主义"成为重新建造城市的媒介……"景观既是表现城市的透镜,又是建设城市的载体,景观取代建筑成为当今城市的基本要素。这段景观都市主义的核心思想至少包含两层含义:一是以景观作为视角能更好地理解和表述当今城市的发展与演变过程,更好地协调城市发展过程中的不确定因素;二是景观作为载体介入城市的结构,成为重新组织城市形态和空间结构的重要手段。

现代景观注重生态性。无论在怎样的环境中建造,景观都要与自然发生密切的联系,这就必然涉及景观、人类、自然三者间的关系问题。席卷全球的生态主义浪潮促使人们站在生态环境的视角上重新审视景观行业,景观设计师也开始将自己的使命与整个地球生态系统联系起来。现在在景观行业发达的一些国家,生态主义的设计早已不是停留在论文和图纸上的空谈,也不再是少数设计师的实验,生态主义已经成为景观设计内在的和本质的考虑。越来越多的景观设计师在设计中遵循生态的原则,将可持续设计理念、绿色生态理念引入景观设计之中。在设计中尽可能地使用再生原料制成的材料,尽可能地将场地上的材料循环使用,最大限度地发挥材料的潜力,减少因生产、加工、运输材料而消耗的能源,减少施工中的废弃物,并且保留当地的文化特点。

减少水资源消耗是生态原则的重要体现之一,雨水收集灌溉系统、雨水花园的设计都是景观生态性的体现。例如,德国柏林波茨坦广场地面上和广场建筑的屋顶都设置了专门的雨水回收系统,收集来的雨水用于建筑内部卫生洁具的冲洗、广场上植物的浇灌及补充广场水景用水。从生态的角度看,自然群落比人工种植群落更健康、更有生命力。景观设计师应该多运用乡土的植物,充分利用基址上原有的自然植被,或者建立一个框架,为自然再生过程提供条件,这也是景观设计生态性的一种体现。

景观生态学是对景观中环境关系的研究,认为自然在景观层面是一个动态系统,对环境和土地利用状况作出反应。土地利用方式不仅影响着生态系统的功能,也影响着野生生物的栖息质量。景观是由不同土地单元镶嵌组成的区域,城市视为由斑块、廊道和基质共同组成，且共同完成生态系统中的功能。景观生态学斑块原理可以理解为对城市绿地的尺度、数量、形状、位置进行因地制宜的整合。通过生物、物质的流动构建完整的生态循环系统，通过廊道串联或分割不同大小的斑块，使生物呈现多样化。在景观生态学中"斑块—廊道—基质"的理论，可以运用到城市绿道景观设计中。

二、"斑块—廊道—基质"的景观空间结合

景观要素是景观的基本单元，景观空间可以被看作斑块、廊道的组合，景观基质则是宏观背景，认识绿道穿越地区的地形条件要从"斑块—廊道—基质"来分析不同的景观环境。

1. 斑块

在外貌上与周围地区有所不同的一块非线性区域，其四种结构性指标为群落类型、起源类型、大等级和形状。斑块分为人工斑块和自然斑块，人工斑块是与周边土地或土地覆盖的不同的住宅、商业和工业、工厂等用地；自然斑块包括草地、草甸及灌木中的湿地。

2. 廊道

廊道在土地嵌合体中具有较为明显的空间特征，是与基质有所区别的一条带状土地，其结构和功能与景观区域内的连接度关联。廊道定义为一种狭长形的带状栖息地，许多廊道的形成和地形、气候与植被的分布密切相关，构成连接度最高并且在景观功能上起着优势作用的景观要素。廊道的类型有多种，既有以林木为主的廊道也有滨河廊道，其自然要素为野生动物提供迁徙通道和栖息环境，其最主要的功能是通道和连接作用，有时也会起阻隔某些生物的作用。

3. 基质

基质是景观面积中最大且连通性最好的景观要素，景观中占主导地位的土地利用，基质对景观发挥着重要的功能，城市的基质是城市建设用地，草原的基质是草地，森林中林地是基质，农业地区农田是基质。

基质代表的是景观的总体背景，城市是由住宅楼、办公楼等建筑构成的景观基质，在景观基质中分布着绿地、公园、水体等斑块，以及步道、城市绿道构成的廊道网络。斑块的分布有时与自然条件相关。

三、景观要素及连通性

景观要素可以发挥多种功能，除了连接的功能，还具有生物栖息地的功能，可以起到净化环境的功能，如滨水植被可以过滤径流中携带的有害物质。

景观的连通性是指景观板块之间的连接，绿道设计中景观的连通性非常重要，通过绿道促进人的活动以及野生动物的迁徙。

四、景观生态设计

景观生态设计属于景观生态学的应用，与景观生态规划有一定的联系但又有区别。景观生态设计更多地从具体的工程或具体的生态技术配置景观生态系统，着眼的范围较小，往往是一个居住小区、滨水空间、公园和绿地等的设计；而景观生态规划则从较大尺度上对原有景观要素的优化组合以及重新配置或引入新的成分，调整或构建新的景观格局及功能区域，使整体功能最优。景观生态设计强调对功能区域的设计由生态性质入手，选择其理想的利用方式和方向。景观生态规划与景观生态设计是从结构到具体单元，从整体到部分逐步具体化的过程。

第三节 绿色基础设施

绿色基础设施是一个由河流、公园、湿地、森林、绿道等构成的生态网络。绿道是绿色基础设施的一部分，绿色基础设施是绿道的延伸和扩展，是绿道综合服务能力的提升，通过构建绿色基础设施来实现区域环境的可持续发展。城市绿道的服务设施通常包括管理、商业服务、娱乐健身、科普教育、安全保障、环境卫生以及相关的共同设施等。其中，管理服务设施主要包括绿道管理中心、绿道内游客的服务中心以及负责治安管理的治安办公点等，商业服务设施主要包括自行车的租车点以及餐饮中心等，娱乐健身服务设施主要包括休闲健身广场以及医疗服务中心等，科普教育服务设施主要包括科普知识宣传、展示以及讲解设施等，安全保障服务设施主要包括安全防护、消防、治安以及医护急救服务中心等，环境卫生服务设施主要包括公共厕所、垃圾箱以及污水处理等，其余的市政公共服务设施主要包括通信、给排水以及照明和供电等。

一般情况下，像公共卫生间、垃圾桶以及休闲服务设施是必不可少的，并且需要根据实际需求，合理安排摆放位置。驿站是绿道主要的服务管理型建筑，绿道驿站往往设置在绿道沿线的景观节点，因此其建筑形象和功能设置显得同等重要。驿站采用的建筑风格、造型、形式、元素符号、装饰等，应符合当地传统建筑的视觉意象及风貌特征，使得驿站建筑具有地域特色和文化传承，注重与周边环境相融合，驿站建筑本身构成了绿道环境中的一处景点。至于凉亭、回廊以及各式座椅则可根据需要适当安排，座椅应按照人流量设置合理的服务半径。另外，为了更好地满足人们的不同需求，可以适当地设置一些意见箱，综合游客的合理要求，提高自身的"人性化"服务质量。

第四节　城市绿道网络

城市绿道网络由一系列城市绿道组成，位置在城市的行政范围内，是一种可建构的模式，可规划、设计和管理，是具有生态、游憩、文化、审美、防灾等多功能的可持续的线性开放空间。城市绿道网络主要是以连接在一起的城市绿道所构成的生态网络作为组团，在各个城市之间通过区域级绿道进行联系，社区级绿道与城市级绿道相连接，形成游憩绿道网络。每一级的绿道都与上一级的绿道连接，城市级的绿道和区域级的绿道相连，社区级的绿道和城市级的绿道相连，区域级绿道在两个城市组团之间也可以贯通。环城绿道，会随着城市的扩张向外扩展，与其他城市连接在一起就变成了城市之间的绿化隔离带。城市绿道网络在城市中发挥了重要的作用，《珠江三角洲绿道网总体规划纲要》认为绿道的功能可以分为四个方面，分别为生态、社会、经济、文化功能。城市绿道网络所串联的绿地通常具有以下四种类型。

一、带状公园

带状公园的理念在我国历史悠久，古代建设护城河和沿城墙种树的方式和今天的城市中的带状公园有异曲同工之妙。现代的带状公园常常结合城市道路、水系、城墙而建设，是绿地系统中颇具特色的构成要素，承担着城市生态廊道及游憩的功能。在越来越多的研究中已将景观生态学引入带状公园的规划设计之中。

二、绿化隔离带

住房和城乡建设部在2018年公布的《城市绿地规划标准（征求意见稿）》中提出："绿化隔离带的主体应是绿地及其他自然、半自然要素，如农林用地、水域等。"其具有控制城市无序蔓延、提升城市环境质量、提供市民游憩场所等多种功能。

三、风景道

风景道和景观道含义相似，在区域旅游活动中占有重要的地位，是具备旅游和交通功能的道路。目前，风景道正在发展成为一种新型旅游功能区，成为深受自驾车游客喜爱的线性旅游目的地，成为优化空间布局、区域协同发展的重要抓手。北京交通大学余青教授认为，风景道这种线性公共景观与面状、点状景观的不同在于：它承载了休憩游览、景观体验、信息引导、科普教育等功能，将游憩、景观、遗产保护等多功能进行融合。

四、生态廊道

绿道在生态学意义上称为"生态廊道"，具有"功能流通性"，不同的栖息地或种群之间的个体流动，连通性的高低取决于生物的日常行为方式和生活习惯。廊道既可以是连续的线状的景观要素，也可以是线状的滨水林带，还可以是成片的绿地。这些廊道使物种在不同的栖息斑块和景观中移动，在长时间内实现区域尺度上的迁徙。生物迁徙廊道是指能够促进和保护野生动物进行活动、迁徙的带状景观要素，尤其是指促进生物在栖息地斑块间移动的廊道，生物在景观中的活动是重要的景观过程之一，不同的物种会有不同类型的迁徙路径。在设计的过程中要考虑廊道对其他物种和生态过程的综合影响。廊道也可以作为某些物种生活和繁殖的栖息场所，廊道作为栖息地的功能大于通道功能，多条廊道所构成的网络是连接区域中不同类型栖息地最佳的措施，植被比较好的廊道则成为动物可以遁入的庇护所。

滨河廊道主要是由生长在河边的植物群落所构成的生物廊道，对水体具有遮阴的作用，具有温润的环境和肥沃的土壤，长势较好的植被，河流廊道对生物的保护具有重要的意义。滨河林带处于水域和陆生系统的交界面，在较近的范围内可以提供水生和陆生两类栖息地，其相对肥沃的土壤和充足的水分供给，使得滨河林带具有很高的生产力。美国南部的阔叶林廊道具有肥沃的土壤，充足的水分形成温润的小气候，使昆虫和植物有充足的食物和养分，相比其他地区生境，滨水区具有更多样性的物种。

滨河廊道是水陆相交的界面，作为一种位于河流与城市人工环境之间的缓冲地带，可以减轻上游带来的干扰，从而保持水生生态系统的健康。滨河廊道通常会包含一些湿地，这些湿地具有特殊的水文特征和植被类型，包括池塘、水塘及森林湿地，对保护河流生态和资源具有重要的意义。滨河植被缓冲带可以过滤来自坡面的泥沙，缓冲带的植被类型主要有草地、木本植物、针叶林、阔叶针叶混交林，滨河的湿地也具有截留泥沙的作用，树木和枯木有助于降低水流速度，根系和地下茎可以加固土壤，滨水植被和枯木会增加河道的糙率，可以在水量变大的时候降低水流速度。水温是衡量水质的一个重要特征，夏季与河道相邻的滨水植物可以通过遮阴避免高温，植被增加雨水下渗保持土壤持水量，也有助于河流在炎热的季节降温，可以通过在河流的源头和上游区域增加滨水植物对水温进行调节。滨水植被还可以提高滨水栖息环境的稳定性，滨河的枯木、树枝和根系可以形成浅滩，植被本身也可以加固堤岸，这些浅滩可以形成多种类型的栖息环境，提升生物的多样性。河中的枯木和沿岸散布的植被为多种生物提供了遮蔽场所。河流的形态也会影响水生生境，河流越是蜿蜒，生境类型就越多。在上游河段，滨水植被是主要的食物和能量来源，当滨水植被带中有多种提供食物的来源时，水生生物的数量会提高。草本、地被植物具有较高的营养，落叶乔木和灌木具有纤维。因此，状态良好、多样性高的滨河植被，可以为河流生态系统提供稳定的食物补给。

第五节　城市滨水绿道

滨水景观是城市水体特有的一类景观，它不是单一的景观元素，而是将城市自然、人文、生态服务等多方面进行有机结合，将观景、休闲、娱乐、历史文脉、地域特色、生态环保等诸多功能进行组合，形成人与人、人与自然的有机联系。滨水景观的类型有多种，如滨水广场、滨水绿道、滨水驳岸等，利用自然水体及周边环境为载体，通过不同的景观设计手法营造滨水生态环境，滨水景观空间往往是线性的，随其岸线的形态走向，具备一定的共同特性。

滨水绿道是滨水景观其中一种类型，可以独立存在，也可以和其他类型绿道相联系、结合。查尔斯·利特尔在《美国绿道》中，将其定位为五大绿道类型之一，即城市河流型绿道，作为城市衰败滨水区复兴的一个常见措施。

我国城市绿道建设起步较晚，具有系统性研究的理论较少。同济大学刘滨谊教授在2001年根据当前国内绿道的发展情况，首次提出了城市河流型绿道概念，2006年又依据绿道所串联的载体而提出了滨河绿道（沿着河道或水域边界分布的绿道），从而进一步细化了滨水绿道在城市绿道中的类型特点。

随着城市的发展和人们环保意识的提升，我国各个城市正在致力于水环境治理工程建设，这给滨水绿道的规划设计和建设提出了新的要求，带来了新的机遇和挑战，为我国滨水绿道设计增添了新的思路和活力。

滨水绿道集水资源保护、串联城市功能、承担通勤及休闲功能于一体，主体为沿水体周边的慢行系统，可贯穿城市公园、公共绿地、风景名胜区，将零散的绿地串联起来，形成连续、生态的绿色廊道，是河流和城市界面的过渡空间，影响着城市的生态系统。滨水绿道包括滨水绿地、慢行道路及配套设施，对构建城市文化遗产廊道，维持生物多样性，提升城市整体环境品质发挥着重要作用。其形成滨水绿色网络体系，完善城市生态结构，丰富城市景观形式。

国内对慢行交通的研究和发展于 2001 年出现在上海，目前，北京、广州、深圳、杭州、武汉等大城市都已进行了慢行系统的规划。慢行交通包括步行交通和非机动车交通，慢行空间由慢行交通衍生而来，是指串联起来的线性开放的景观空间。

游客在慢行空间里主要以步行和非机动车通行，包括通勤及休闲性慢行。以满足通勤等目的的出行通常会注重交通设施的便利，如遮阳棚、天桥、换乘车站、自行车租赁点等。休闲性慢行空间具备观赏、健身、娱乐的功能，一般在道路两侧进行景观营造并设置相应的设施，如景观步道、滨水广场等。

城市滨水绿道慢行系统，是将沿水系的城市公园、绿地、风景名胜区串联起来的开放型线性空间。内部交通以步行和骑行为主，景观设计因地制宜，根据场地的地形进行设计，从使用者的需求出发，并配备相应的功能性设施，构建为具有生态效益的多功能复合型绿道。

一、城市滨水绿道特征

城市滨水绿道是城市景观的重要组成部分，具有公共开放性、历史文化性、生态多样性等方面的特征。

1. 生态多样性

滨水绿道由水生环境、水岸环境、陆地环境构成。水生环境中有水草、鱼类等水生生物，水岸环境中有浮水植物、挺水植物，陆地环境中有地被植物、灌木、乔木、陆生生物。

2. 线性空间

滨水绿道沿河流、湖泊而建，是一种连续的开放型线性景观，沿途景观节点沿纵向轴线分布，形成了良好的景观序列，这种沿水而建的带状空间，是维护滨水生态平衡的重要措施，根据其周围的地理环境，进行绿化营造，种植高大乔木、灌木、花卉，结合各类公共服务设施、景观小品，形成滨水生态游憩空间。

3. 亲水性

亲水性是滨水绿道的一个显著特征，在滨水绿道中设置各种形式的临水栈道和亲水平台供游客近距离接触水环境，通过营造绿道慢行景观，让景观和滨水环境更融合，在保证人身安全的前提下满足人们的亲水需求，要在安全的基础上营造各种人造水景，人们开展亲水活动的条件，提高滨水绿道景观的亲水性。

4. 历史文化性

城市中的滨湖或者滨江的绿道往往处于城市的重要区域，也是人们聚集和物质文化交流最为频繁的地区。如东湖绿道位于武汉东湖风景区，近现代还有九女墩、陶铸楼、屈原纪念馆、朱碑亭等历史文化遗址，汉口滨江绿道地处江滩公园和江滩之间，在这里各种文化和信息汇聚，本土文化和外来文化相互交融。城市滨水绿道选址在人文荟萃的自然风景区，经过长时间的沉淀会形成独特的绿道人文特点。因此，一个城市的地域历史文化特色与城市的滨水景观密不可分，城市滨水绿道景观的优化设计一定体现地域文化特色。

5. 功能的多样性

城市滨水绿道景观是一个功能多样性的综合性景观空间，其功能包括健身娱乐、休憩游览、科普教育，景观设计的元素众多，如植被、公共景观小品、湿地景观环境、湖滨广场、驿站建筑。呈曲线状的游览路径，在景观处理上或动或静，既有横向上的道路景观，又有竖向上的立体生态驳岸，功能设计上满足不同人群的需求，创造出了变化丰富的多维滨水景观景象。

二、城市滨水绿道的功能

城市滨水绿道体现着城市文明，更能深刻地显现城市历史文化的内涵和外延，在城市形象、文化及娱乐等方面皆有积极作用，并具有如下功能。

1. 生态功能

城市滨水绿道景观营造亲水、可持续发展的环境，一方面能使得原有的滨水水岸得以拓宽，同时增加了滨水带的绿化面积；另一方面最大限度地保护滨水区的生态肌理，增加了城市公共绿地面积，丰富了城市绿地的形式，通过营造生态湿地、驳岸景观、健康步道，形成可持续发展的滨水生态环境。

2.形象展示功能

城市滨水绿道连接公园、名胜区、历史古迹的开敞空间纽带，绿道在发挥生态功能的同时，越来越注重提升文化内涵，绿道设计中在公共艺术、驿站建筑等方面融入地域文化，充分展现了本地的自然风貌和人文内涵，滨水绿道景观的建设和优化，在改善城市滨水环境、提升城市形象的同时可以推动城市经济发展。

3.游憩功能

城市滨水绿道由慢跑道、骑行道和各类休憩设施构成，绿道景观中的植物、铺装、景观小品等要素融合，能满足游客多样化的游憩需求。城市滨水绿道临水而建，具有良好的亲水性，因其优美的自然环境与人文气息，将成为人们休养身心、感受愉悦和美的景观场所，构成特色线性景观。随着绿道建设的兴起，改变过去单一的功能和景观形式，将健身、游览、科普、休憩等多种功能融合进来，提高了居民的生活品质。

三、滨水绿道的连通性

1.绿道连通性概念

绿道起串联景点、承上启下的作用，作为线性景观空间具有完整性、连续性，使零散的斑块得以连接和贯通，即绿道的连通性，是绿道定义中基本的特征之一。绿道的连通性的作用在于使绿道成为一个连接公园、绿地、旅游景区的绿色通道，从而促进交通通行、动物迁徙。绿道作为慢行空间，连通性显得格外重要，连贯畅通是对绿道交通路网的基本需求。连通性主要包括景观的连接、动物迁徙通道的畅通、生态廊道的连接。

（1）景观生态学——景观连接度

在景观生态学中，连接度包括结构连接度和功能连接度。结构连接主要是景观空间的连接，如绿道中公园、广场、绿地等不同的景观空间连接，主要是空间和形态上的连接，而功能连接比结构连接层次更高，主要强调景观的生态性。

（2）景观生态学——生态廊道

景观生态学提出了"斑块—廊道—基质"的框架体系，生态廊道的概念是景观生态是否具有系统性和完整性。它是基质和斑块沟通联系的关键环节，是通过生态廊道，促进物种在斑块之间迁徙，从而增加种群之间的基因交流，可以维护生物的多样性，保护生态环境。

2. 绿道连通性的重要性

绿道连通性对生态保护产生着重要影响，决定着绿道的功能和生态平衡的维护。城市零碎的斑块通过绿道进而整合起来，通过不同的连通方式，恢复生态廊道空间的连续性，为野生动物提供迁徙通道，优化城市交通、维护生态环境，将对绿道的综合效益、通行效率以及生态保护发挥重要作用。

四、滨水绿道可达性

可达性是从某一地点到达目的地点的便利程度，是对某种运动行为结果的判定标准。应用在绿道交通空间里，是对绿道连续性、流畅性的重要体现。北京大学俞孔坚教授认为，某一景观的可达性是指从空间中任意一点到该景观的相对难易程度，其相关指标有距离、时间、费用等，反映了景观对某种水平运动过程的阻力。

第三章　城市生态绿道景观设计概述

第一节　相关概念

一、绿地系统规划

（一）绿地系统规划的概念

王秉洛等认为城市绿地系统的概念是充分利用城市自然条件、地貌特点、基础种植和地带性园林植物，根据国家统一规定以及城市自身情况等确定的标准，将城市的各级各类园林绿地用植物群落的形式进行绿化，并根据一定的科学规律进行沟通和连接，构成一个完整有机的系统。同时将此系统同城市所依托的自然环境、林地、农牧区相沟通，形成城郊一体的生态系统和人民游憩休闲活动的主要载体以及城市风貌特色的主导因素。

李敏在《城市绿地系统规划》一书中概括城市绿地系统，认为其是城市地区人居环境中维系生态平衡的自然空间和满足居民休闲生活需要的游憩地体系，也是由较多人工活动参与培育经营的，有社会、经济和环境效益产出的各类城市绿地的集合（包括绿地范围里的水域）。

（二）绿地系统规划与景观规划的关系

城市绿地系统规划和城市景观规划之间具有很强的共通性和互补性。城市绿地系统规划主要解决城市地区土地资源的生态化合理利用，有效发挥城市各类绿地的生态、游憩和美观等不同作用，而城市景观规划主要关注城市形象的美化和生态环境的营造。二者的工作对象基本一致，即都是城市规划区内的开敞空间。因此，这两项专业规划在实际操作中有许多相通和互补的地方。

在宏观层面上，城市形象的美化是以城市环境的绿化为基础的，城市人居环境的优化是以城市环境的生态化为前提条件的；在中观层面上，城市的公园、风景游览区等大型公共绿地和生产、防护绿地布局，本身就是城市总体规划、分区规划的重要内容，对城市的区域景观风貌有很大的影响作用；在微观层面上，绿地与建筑相映成趣、和谐统一，是创造动人城市景观的基本方法。特别是在较小尺度的城市设计工作中，这种配合尤其重要。

（三）城市绿道与绿地系统的关系

城市绿道景观规划设计首先是在绿地系统的规划中提出的，这对城市绿道的规划和实施有以下三大优势。

第一，国内针对绿色空间体系规划中最权威的规划——绿地系统规划。因此，作为对城市绿色空间规划设计的一个方面——城市绿道系统规划，如果与绿地系统规划相结合，不仅具有一定的法定规范效应，而且从城市的整体角度，以整个城市的绿地系统为背景进行规划设计，可使城市绿道的规划设计更加全面并具有可实施性。

第二，通过与绿地系统的相结合，能够更好地与其他相关规划协调，如城市总体规划和控制性详细规划等。

第三，城市绿道作为绿地系统中的带状公园绿地进行定性和规划，既能很好地将新理念融入传统规划之中，又能将绿地系统规划进行拓展和深入，能更好地增强绿地系统规划的指导性和可操作性。

二、城市带状公园

（一）城市带状公园的概念

根据 2002 年中华人民共和国建设部颁布的《城市绿地分类标准》对城市带状公园的定义，指出其常常结合城市道路、水系、城墙而建设，是绿地系统中颇具特色的构成要素，承担着城市生态廊道的职能。带状公园的宽度受用地条件的影响，一般呈狭长形，以绿化为主，辅以简单的设施。城市带状公园是以提供给市民游憩活动为主的城市开放空间，具有生态、景观和防灾避灾等作用，以其特有的带状形态穿插在城市的各用地中间。

（二）城市带状公园的特性

城市带状公园相较于其他类公园绿地，有其不同的特性。

城市带状公园在形态上的带状特征，这是与其他"点"状或"面"状公园绿地截然不同的"线"状公园，这也表示其要具有一定的长度和宽度。当然"线"状是公园形态的一个总体趋势，其具体的边界可以是不规则的，甚至是曲线的，这也决定了带状公园是可以依靠地理条件现状灵活改变线形的多变型绿地，它可以沿海、临江、滨海，依铁路或直接沿着城市道路笔直延伸。

由于其"线"状的特点，也决定了带状公园具有其他公园无可替代的廊道作用。它可以穿行在各类自然屏障或人工建筑之中，也可以顺河流而蜿蜒；可以跨越城市广大的区域，连接城市重要的生态斑块，担负生物迁徙、植物传播以及城市通风等作用，是一个非常有意义的城市生态廊道。同时，带状公园也可以作为景观廊道分布在城市的各个区域，并且因为其在空间上的延伸性促使了景观上的连续性和整体性，有机地融合了人与道路、水系、建筑等之间的关系，营造了和谐统一并富有特色的生态型城市景观。

带状公园与其他公园相比其开放性更强。因为一般带状公园没有围墙，对周边居民及城市游客完全免费开放，同时其景观资源也实现了完全的对外开放，对城市环境的美化起到了很大作用。由于带状公园的灵活多变，其足迹可渗透到离城市居民生活最近的地方，如小区周边的滨河公园、铁路公园、环城公园，甚至是道路一侧的带状绿地，人们可以在公园内散步、锻炼和娱乐，可以被它的开放性和可达性吸引。

三、城市步行系统

（一）城市步行系统的概念

城市步行系统是城市道路交通系统的重要组成部分，是实现各种客运交通的基本条件，是城市对公众免费开放的步行空间的总和。它可以是城市的人行步道、林荫大道、步行商业街、居住区绿带或生活广场，等等。随着大型综合体建筑的发展和普及，步行系统不仅包含城市外部步行空间，而且包含建筑内部或地下商业街等部分。

（二）城市步行系统的类型

1.线型步行系统

由于步行本身线型移动的特性，使得城市步行系统也沿着线型展开，这是城市步行系统中最普遍的形式，常见的有商业街、滨河路、林荫道等。线型步行系统是构成整个城市步行网络的基本形态，它为人们提供了到达目的地的通道，同时具有散步和连接的功能。

2.节点型步行系统

当步行在一个场地或区域内集中出现时，也就形成了节点型的步行系统。它主要表现为城市的广场、公园、绿地等开敞空间。与线型步行系统相比较，节点型步行系统具有停留性强、目的性明确、功能清晰等特点，在空间形态上一般是围合或封闭的块状空间，是整个城市步行网络中的基本组织单元，并依靠线型系统进行连接。

3. 网络型步行系统

通过线型步行系统与节点型步行系统的连接，在区域或整个城市范围内构成了一个相互交错联系的步行网络，也就是网络型步行系统。它的布局与城市的整体空间形态、主要的景观要素和道路系统都有密切的关系。

四、界面

边界是人对连续面状要素线形中断的主观反映，如城市中的河流、城市建成区边界的围墙等。这里指的是不作为道路或不视为道路的线形要素，如一些河岸、围墙、较高的灌木丛等。它的存在形式是多样的，在视觉上可能是封闭的或者是通畅的，它作为一个视线或行为上的遮挡或阻碍，强调了两个区域之间的隔离。凯文·林奇在《城市意象》中提到了界面的思想，他认为界面是组成城市意象的五大要素之一，为城市构成了一个独特的立面意象。

五、城市道路绿地

（一）城市道路绿地的概念

城市道路绿地，即道路及广场用地范围内可进行绿化的用地，包括道路绿地、交通岛绿地、广场绿地和停车场绿地。

（二）城市道路绿地的作用

城市道路是城市的框架，它反映了一个城市的政治、经济、文化水平，也是城市形象和城市景观环境的核心。它不仅为人们提供了联系场所、支持运输的通道，而且是满足人、车、环境及景观多重需要的重要单元。随着经济的发展，人们生活方式和观念的改变，城市道路除了满足各种运输功能，还担负着继承传统文化、满足人们审美需求的重任。凯文·林奇认为，构成城市形象的五大要素中道路处于首要地位，这就足以说明道路绿地作为道路的组成部分在创造有特色的城市形象中的重要性。

第二节　理论基础

一、景观与意象的相关理论

随着城市规划学科的不断拓展和综合化，景观的内涵也趋向复杂，不同学科针对不同的角度对景观的定义也各有不同。这里综合各个学者专家对景观的定义，将其内涵分为三个层面。

（一）视觉层面

风景园林学派认为的景观主要指视觉美学方面，即风景的意思。《辞海》中对景观的解释也是将"自然风景"的含义放在首位。20 世纪 60 年代出现了"景观评价"的研究，同时也产生了四个主要学派，即专家学派、认知学派、心理物理学派和经验学派。

专家学派从形体、色彩、线条和质地这四个要素来决定风景的质量，并以形式美的原则作为风景质量的评价指标；认知学派把风景作为人的认识空间和生活空间来理解，并以人的生存需要为出发点作为评价依据；心理物理学派认为"风景与审美"的关系其实就是"刺激与反应"的关系，并以群体的普遍审美趣味作为风景质量的评价标准；经验学派认为景观是人类文化不可分割的一部分，其更多的是用历史的观点，关注人及其活动对景观质量及价值的影响，而对客观景观本身并不注重。

（二）地理学层面

人类大规模的旅行和探险活动推动了地理学的发展，使人们对景观的理解从过去局限于美学层面扩展到地理学层面。德国地理学家、植物学家洪堡将"景观"作为一个科学名词引入地理学中，并将其解释为"一个区域的总体特征"。《中国大百科全书》从地理学的角度解释了景观的概念，从地理学的整体方面，认为景观是某一区域的综合特征，包括自然、经济、文化诸方面；从区域方面，认为景观是个体区域的单位，相当于综合自然区划等级系统中最小一级自然区。

（三）生态层面

由于景观生态学的出现和发展以及全球对生态学的关注和探索，使景观的内涵发生了深刻的改变，也使景观与城市规划和建筑设计的关系越来越紧密。如今，景观生态学已经作为一门重要的交叉学科，将研究范围扩大到区域尺度上的景观资源、环境经营与管理问题，并提出了斑块、廊道和基质理论，来解释景观结构的基本模式。景观生态学在研究生态系统自身的发生、发展和演化的规律特征的同时，还要寻求合理利用、保护和管理景观的途径。

城市意象理论的代表人物凯文·林奇将城市中各类复杂繁多的要素进行分析总结，找出了人们对城市总体印象和感受来源的五大关键要素，即路径、边界、区域、节点和标志。他认为，城市景观可以通过这些要素构成一个多层次的地图或等级序列来进行描述，并强调一个城市景观的健康、安全和美好就是通过这些要素的综合作用，给人们带来深刻的环境体验和印象。

根据景观与意象的相关理论，我们认为城市绿道的规划设计正是希望从视觉上、生态上和整个城市或区域上发挥作用。城市绿道可以作为城市中一个特殊的路径，在区域上串联城市的各类节点或标志性场所，进而形成一个有美好景观的开敞空间。

二、城市休闲行为的相关理论

休闲是个人闲暇时间的总称，也是人们对可自由支配时间的一种科学和合理的使用。现代休闲活动的根本目的是满足人们日常闲暇生活的愉悦、安逸、刺激等心理需求，起调整和平衡生理活动的作用。

行为科学理论是以环境行为学为主，研究人在特定环境状况中所产生的内在心理倾向和外在行为的反应特征。行为科学理论主要研究人的行为方式的兼容性，包括对公共行为和私密行为方式、特征，以及心理感受和需求如何实现的研究，如何为各种行为营造一个有意义的空间环境。行为科学理论的研究不仅为建立环境秩序提供了科学依据，还为城市环境的个性特征提供了感性的判断方法，因此，它成为当代城市设计的重要理论基石。

根据行为科学理论研究人的步行行为，可发现人们在城市中休闲步行时也是有一定的普遍特征的，这些特征正是在城市绿道设计中需要关注和引导的关键。通过总结可将人的步行分为步行行为和步行心理两个方面。

人的步行行为特征主要是群体性和寻求便捷性。群体性是指不同年龄、文化素质、性别的群体会有不同的行为特征。例如，儿童的行为较为无忌，喜欢哪儿就直接过去，爬高上低且不考虑潜在危险；年轻人则因为行动敏捷而喜欢走捷径；老年人由于行动不便则更喜欢在安全舒适的地方漫步。寻求便捷性是指我们通常所说的"抄近道"，当两个及以上的通行方向上没有界面限制通行时，人们常常就会选择穿越空间的最近路线。因此，在设计城市绿道的游径时不应该在人的视线能看到的空间内有过多的迂回，使其和人的基本步行行为相矛盾。

人的步行心理会影响步行行为，因此，在设计中要把握好人们的基本心理，从而使景观环境更加亲切舒适。步行心理基本分为两种，即寻求庇护心理和边界心理。寻求庇护心理即人们寻求安全性的心理，如人们在步行时会不自觉地靠近扶手、围栏、围墙等可依靠的构筑物，以减少自身被观察或被关注的范围，以及被攻击的可能性；边界心理指人们在空间中喜欢待在空间的边缘，以寻求安全感的特性。心理学家德克·德·琼治提出边界效应理论，并指出森林、海滩、树丛、林中空地等边缘都是人们喜爱的逗留区域。因此，在设计中要更加关注空间边界的处理，在边界处适当留出一些休息区或逗留区，因为那里往往是人们最喜欢待的地方。

三、生态与环境的相关理论

生态学是研究生态及其环境之间交互关系的一门学科。生态系统是由生物群落与它的无机环境相互作用而形成的统一整体，其内部要素也相互关联，系统中某部分的改变会影响另一部分相应的变化，从而维持整个系统的平衡。城市生态学把城市视为生态系统，研究其结构、功能、平衡与运用规律。

在城市生态学的基础上提出了城市景观生态学的概念。景观生态学是以城市景观结构的基本要素为出发点，解决城市景观形态、结构、空间布局以及生态环境的问题。城市绿道在规划设计中要充分运用景观生态学的理论和思路，讲求布局结构的合理性，注重绿道线路的选择、绿道的宽度、连接度以及空间异质性和景观多样性等，在满足人们休闲游憩需要的同时，还要兼顾改善城市的生态环境、维持生态合理性和完整性的功能。

第三节　城市生态绿道的概念

一、绿道的概念

绿道的内涵很广，在不同的环境和条件下会有不同的含义。因此，对这一概念的定义总会有一定的局限性。不同的研究者对绿色通道的定义不尽相同。西蒙兹在《景观设计学》一书中，针对城市生态方面的研究，提出了绿道和蓝道的概念，认为绿道就是为车辆、步行者运动和野生动物迁徙提供的通道，"绿"是因为它们有植物所环护，"道"是因为它们是路。

绿色通道应是形形色色、形式多样的，有以娱乐为主的绿色通道；有以生物保护为主的绿色通道；有缓冲城市发展，为城市提供绿地的绿色通道；也有农田中的树篱。其规模也是大小不等，既有1m宽的绿色通道，又有几十公里宽、数百公里长的绿色通道。有沿道路、河流和山脊建设的绿色通道，也有沿天然气管道或煤气管道、自来水管道和电力线路等建设的绿色通道及农田中的树篱。因此，绿色通道是连接开敞空间、连接自然保护区、连接景观要素的绿色景观廊道，它具有娱乐、生态、美学等多重意义。

二、城市绿道在本书中的定义

本书对城市绿道的定义是城市绿道属于城市绿地系统中的公园绿地（GI），是城市的带状公园系统，它为市民提供了一个不受机动车干扰的、完整的步行空间，是城市生态系统的组成部分，并为城市的景观风貌营造了完整、连续的视觉体系。

它可以在城市绿地系统规划中进行规划设计，也可以单独作为城市的独立项目进行规划设计，并通过控制性详细规划中绿线的设计中限定下来。那么，在绿地系统规划中它就作为公园绿地在城市的新建区或老城区内进行选线和布置，在控制性详细规划中详细地将绿线界定下来。

城市绿道规划设计的主要理念就是将城市分散的绿色空间或主要节点进行连通，形成相互贯穿的、综合性的绿色步行通道网络。它主要为城市的居民提供一条可供休闲游憩的步行道系统，其中有完善的公共服务设施，同时可以让人们方便地到达社区内部或社区之间以及城市其他的重要场所，如学校、商场、城市公园或者办公地等，城市绿道成为城市步行系统中非常重要的一个组成部分。

城市绿道优美的绿色环境也为人们提供了一个日常散步欣赏的好去处，同时由于它是带状连续的景观，也为城市整体风貌增添了特色。它并不是简单的沿路绿化步行道，而是作为一个有一定宽度的带状公园游走在城市的滨河、防护林带、商业街、社区的步行景观带或者是城市道路的一侧。因此，它可以将城市中各种美丽的景观串联为一体，让人们在步行或车行中充分感受到城市连绵不断的绿色。

城市绿道在城市整体的生态环境中也扮演着重要角色，它可以作为生态廊道将城市内或城市周边的各个生态板块联系起来，使城市的生态网络更加完善。它的内容很广阔，不仅是生态通道，还是旅游路线、服务性的自然系统或是人性化的绿化步行道，可以体现城市中绿色景观与人类行为活动相互交流的绿色走廊。

第四节　城市生态绿道的构成

城市绿道的结构主要由绿道的主要节点和不同类型段组成，绿道的结构反映了绿道的主要布局形式和节点分布。城市绿道的布局主要有分支型、车轮型、卫星型、网络型、交错型等，这些布局连接城市中的重要节点，形成一个完整的城市绿道生态网络。这些节点可以是社区内部的城市绿地节点，也可以是通向城市中心区的大型节点，这些大大小小的节点都有一个共同的特征，即这些节点是人们经常使用的空间。因此，这使城市绿道的线路规划更有意义、使用效率更高。

一、游憩路径

游憩路径是城市绿道中最主要的空间，它包括步行游览路径、自行车和轮滑路径等，是城市绿道中承担游憩及交通功能的载体。根据人们出行方式的不同，游憩路径也有不同的分类。

（一）步行游径

步行游径的使用者是城市绿道最主要的使用者，其种类也较多，如散步者、慢跑者、坐轮椅者、郊游者等，他们一般都是沿着绿道的路径悠闲漫步，行走速度为5~8km/h。

（二）自行车游径

自行车游径的使用者主要包括自行车、轮滑鞋、滑板等交通工具，它们移动速度不相同，平均速度一般为8~30 km/h。自行车游径又分为单向单行道、单向双行道和双向双行道三种。

二、景观植物

在城市绿道景观规划设计中，景观植物的设置具有维护生态环境、美化景观、营造空间氛围、城市空间导向、分隔城市用地等几个主要功能。

首先，城市绿道内大量的高矮植被可以控制和减少噪声，过滤空气污染，防止灰尘侵蚀，同时可以调节微气候，如小范围控制温度、防风及提供遮阳场所等，还能为当地的野生动物筑巢、繁殖甚至迁徙提供帮助，体现了城市绿道作为整个城市生态网络的一部分，发挥着生态廊道的功能。其次，通过富有韵律和变化的植被配置，可以使城市绿道景观富有活力与趣味性，引人入胜。最后，植被还可以作为掩盖一些不良景观的屏障，或限制相邻土地的不合理利用。

在线性空间设计中，景观植物的种植应具有明确导向性。城市绿道作为跨度较大、开敞的带状公园，它的出入口、重要节点以及内部各功能空间的引导和指示，对人们的外出旅行、购物等活动起着很大的作用。

三、交通节点

绿道建设，尤其是城市绿道，与城市交通系统建设紧密相关。交通方面对城市绿道的影响主要体现在城市绿道的易达性及交通便捷度，其主要构成要素包括地理位置、绿道内部交通情况、对外交通情况、道路交叉点、绿道和城市，交通道路的关系等。城市绿道与城市交通道路交会是城市绿道面临的最主要问题。

建设城市绿道的预期成果之一是为城市提供一套完整的、不受机动车干扰的非机动车交通系统，因此如何处理好绿道与市政道路的交会关系便成为城市绿道规划设计的要务之一，城市绿道与城市交通道路的交会处，即为整个绿道系统中的重要节点。这些交通节点是城市绿道系统中重要的组成部分，涉及绿道出入口与城市交通道路和交会处地段之间的关系等问题，是城市绿道规划设计中的重要因素。

四、公共服务设施

城市绿道的公共服务设施在这里是广义的概念，主要包括绿道标识、停车场、户外照明和游径起点设计，以及桥梁、给水排水系统、游径上的道路条纹、解说牌、景观美化设施、休息设施以及小卖部、书报亭、电话亭、公厕等，应根据相关的具体设计规范进行布置。

第五节　城市生态绿道的功能

城市绿道作为城市绿道生态网络的一个分支，是构成城市生态基础设施系统的重要组成部分。因此，在规划城市发展时，必须前瞻性地考虑城市生态基础设施建设，而城市绿道正是满足以上需求的最佳选择。城市绿道对于城市而言——尤其是快速城镇化背景下的高密度城市，是城市生态系统中不可或缺的一个重要组成部分，在城市的人居环境关怀、景观特色营造、减少城市景观空间破碎化、维护城市生态系统等方面均发挥着重要的功能。

一、城市生态环境修复

城市绿道在城市中最为重要的功能体现在对城市生态环境的建立和保护，以及维护城市自然生态系统中生物多样性等方面。通过构建城市绿道生态网络，从而建立起较为完整的生物保护基础结构，降低自然系统破碎化给生物多样性带来的威胁。当今，城市自然生态系统的生物多样性主要面临两大威胁：栖息地破坏、破碎并消失以及生物物种濒临灭绝。生态系统的稳定性取决于该生态系统中生物种类和数量的合理搭配。在工业化的城市结构中，城市中的绿色空间成为野生动植物的避难所，保护着一些濒危的、罕见的珍稀物种。随着人们保护野生动植物意识的提高，人们开始关注城市绿色空间。在人类参与度不高的城市区域内，残余着少量的自然栖息地，这些自然区域为野生物种的多样性提供了宝贵的空间。河流、水岸边缘、运河或池塘对野生动植物也有特殊的价值。一些大型工厂的废弃工业用地或荒地，已成为野生动植物的半自然栖息地。相较于传统的城市自然生态系统生物多样性保护，其重点在于保护单一的生物栖息地或单一的生物物种，城市绿道生态网络的构建在生态学方面的意义更加立体和完整，不仅保护和修复城市中的生物栖息地，使生物物种得以在城市中生存并繁衍，而且可以引导城市扩张和人类社会开发远离重要的动植物栖息地，为生物的生存繁衍预留空间，是一种立足于现代并着眼于未来的、具有未来意义的空间战略。

城市绿道对城市生态环境的作用还表现在维持城市自然生态系统的生态服务功能方面。可以将城市看作一个高度人工化的生态系统，单是其结构和功能都与真正意义上的自然生态系统存在显著差异。随着对生态服务功能研究的深入和越来越多的事实证明，在城市范围内不仅需要对大面积的自然区域进行保护和修复，更重要的是将破碎分散的城市绿色空间节点和生态区域进行串联，修复被污染的区域，才能更好地维持城市中自然生态系统的生态服务功能。

二、减少景观破碎性

在景观生态学中的"斑块—廊道—基质"理论中，斑块、廊道和基质构成了土地景观空间利用的基本格局，为城市构建起"点—线—网"的城市自然生态网络，将破碎的自然系统重新连接、拼合，构建生态系统的连接性。城市绿道作为"绿色廊道"，自然具备廊道的连接属性，连接城市景观空间中各个城市绿地——斑块。为了减少景观的破碎性，城市绿道系统将城市中破碎、分散的城市绿地和主要开放空间、湿地、森林、公园、植物园等连接起来，形成城市绿道网络"个人—植物—动物"的良性自然生态网络，从而提高区域生物多样性，改善城市生态空间结构。人行道作为实质性连接载体，居民可以从家里直接步行去相邻或更远处的公园，甚至步行到市区，由于具有明确的目的地以及沿途相关联的地标，这种步行路线具有极强的吸引力。

三、景观游憩功能

工业化的现代城市环境中充斥着形形色色的人工景观，与其僵硬的线条相比，自然景观的线条更为生动、柔和、亲切。城市绿道生态网络使自然景观得以保留，让城市居民更多地接触自然，感受自然带来的一切美好，从而爱上自然并自发地保护自然。除了对自然景观的保护，城市绿道对历史文化景观的保护也是显而易见的。城市中一些具有线性特征的历史人文景观资源，如旧城墙、河道、历史老街、废弃铁路等，可以通过城市绿道网络整体保护起来，并使之更好地融入现代城市的肌理以及现代城市居民的生活中，使这些历史文化资源保持活力。城市绿道重塑城市的景观格局，形成了城市标志性空间，如伦敦的绿链、美国的波士顿公园体系以及新加坡的公园连接道等，不仅提升了城市景观特色和魅力，也加强了城市的标识度。

城市绿道满足了城市现代休闲活动的需要。城市绿道的建立，使步行者不受机动车的干扰，满足了人们对日常散步、锻炼、骑自行车、轮滑、滑板等活动场所的需求。城市绿道提供了丰富的景观游憩类型，其高质量的自然环境或原生态的景观风貌，对城市居民有着强大的吸引力，从而激发城市居民更多样的游憩需求，如亲近自然、休闲放松、健身、获取知识等。城市绿道建设为城市居民营造了一个良好的城市环境，为城市居民提供了亲近自然的机会，使得生活在拥挤繁忙城市中的人们，拥有一个更容易亲近和到达的、放松身心的绿色空间。此外，城市绿道将原本破碎或分离的城市自然斑块连接起来，提高了这些景观资源的可达性和利用效率，赋予了更多单块景观资源所没有的利用方式和游憩机会。

绿道本身也是城市慢行道路系统的组成部分，具有交通出行的功能。在组织和承担市民出行功能的基础上，绿道的规划设计根据市民出行的特点与消费要求，从以人为本的规划理念出发，将城市各项要素，如道路标识系统、公共服务设施、交通换乘地区的相关配套设施，与城市各功能区的通达性的建设结合起来，使绿道的规划更具人性化、便利化和可行性等特点。依托城市绿道网络，可构建自行车绿色出行系统。城市绿道中的自行车道主要以自行车骑行为主，允许电瓶车或步行者共同使用。无论是假日休闲，还是与亲友一起短途旅行，或是到住宅附近的商店，骑自行车是一种可以避免交通拥堵、准时可靠、促进个体健康的、积极的出行和生活方式。

城市绿道中的自行车道，需要满足公园设计规范中对园路的相关设计要求。例如，在线形设计方面，应当与园内的地形、水体、植物、建筑物、铺装场地等相结合；应便于展示连贯的园林景观空间并形成良好的透景线；路的转折和衔接通顺，应符合游人的行为规律；等等。园路及铺装场地应根据不同的功能要求确定其结构和饰面，面层材料应与公园风格相协调，并与城市非机动车道在色彩和标识上有所区别。

四、经济功能

作为城市绿地系统的一部分，城市绿道同样具有提供旅游服务获取直接经济效益，以及提升周边土地价值为城市带来间接经济效益的基本功能。但是城市绿道与以城市公园为代表的传统城市绿地，在具体的经济收益方式方面却存在一定的差异。城市绿道通过整合沿线的旅游资源以及休闲产业，可以提升旅游资源整体的质量，并打造成更具影响力的城市绿地旅游品牌。城市绿道具有良好的可达性，可以为绿道内相关的住宿、饮食和休闲服务产业带来更多的消费者。城市绿道所提供的鸟类和鱼类观测等生态旅游服务，以及户外探险、自行车骑行服务等新型旅游产品，对城市居民更具吸引力，人们更愿意花钱来体验这些能够获得知识或更加亲近自然的游憩项目。

第六节　几种分类方式和建设途径

关于绿道的分类，从不同的角度和领域，可得出多种分类方式。例如，根据绿道生态网络构建的尺度和规模，可分为国家型绿道、区域型绿道、城市型绿道、社区型绿道等层级，各层级绿道相互交叉渗透，从宏观到微观，共同组建绿道生态网络；根据绿道生态网络的功能和构建目标，可分为生态型绿道、历史文化型绿道、游憩型绿道三种类型；根据绿道的形成条件，可分为城市河流型绿道、游憩型绿道、自然生态型绿道、风景或历史线路型绿道、综合型绿道五种类型。俞孔坚从中国绿道的发展与演变中总结得出，中国绿道主要有三种类型：沿着河道或水域分界分布的滨河绿道、公园道路绿道或具有交通功能的道路绿道、沿田园边界分布的田园绿道。

通过比较国内外各个学者对绿道类型的不同分类方法，可以发现在对绿道进行分类时，大多数学者普遍根据绿道的功能、尺度、构建目标以及所依托的主要资源类型等因素进行划分，这些分类经验对于本节对城市绿道的分类研究具有重要指导意义。由于城市绿道主要位于城市空间内，其尺度相差不大，因此在本节中，不将绿道的尺度作为分类原则。同时，由于不同种类的城市绿道发挥的主要功能各有差异和侧重，其构建目标及构建过程中所依托的主要资源类型也有所不同，所以，根据分类研究的基本条件和客观要求，本节选取城市绿道侧重功能和构建目标两个因素作为分类依据。

Fabos Judius 将绿道按照构建目标分为三类：生态型城市绿道、历史和文化型城市绿道以及游憩型绿道。根据 Fabos 的分类，本节对中等尺度的绿道——城市绿道继续分类，按照城市绿道所侧重的不同功能类型进行划分，分为以下三种类型：以生态保护为主要目标构建的城市绿道、以历史和文化资源保护为主要目标构建的城市绿道、以游憩为主要目标构建的城市绿道。

不过，实际建造的城市绿道项目，通常表现为以一种或几种类型特征为主，同时兼具多种类型特征的情况，因为几乎所有类型的绿道都需要满足基本的生态保护需求和适当的游憩需求。对城市绿道而言，通常会同时整合城市历史人文资源、城市河道、城市废弃地以及现有的生产或道路绿地等多样资源。城市绿道本身就是一个综合的概念，因此在实际的操作实践中，无法将城市绿道简单地划分为某一种类型。

一、生态型城市绿道

要实现城市绿道对城市生态环境的保护和改善，需要切实可行的设计方法，具体到城市绿道的生态保护方式，主要有重建生态环境、恢复生态空间、治理环境污染和改善生态空间结构等方面。植物对城市环境的改善体现在遮阳、拦截污染物、衰减噪声、吸收二氧化碳和制造氧气等方面，植物的保温和防风功能可有效降低建筑能耗。随着城市中心人口密度的增大，植物应尽可能地渗透城市社区，尤其是拥挤的社区，最大限度地发挥其生态功能。

（一）治理环境污染

城市绿道主要是通过恢复被污染区的自然植被群落，利用植物和微生物对污染物的处理机能，对被污染区进行治理，属于生物治理的一种手段，具有效率高、运行成本低、能耗低、无二次污染等特点。由于城市绿道治理环境的根本是对污染物进行分解消除，将污染物从被污染环境中转移，使环境具有宜人的景观风貌，是一种治标兼治本的污染治理手段，因而逐渐受到人们的青睐，生物治理也被认为是未来城市环境污染的优选治理技术。

（二）修复自然生态空间

城市中的一部分自然空间，虽然没有完全被硬质空间替代，但是其内却进行着某种经济活动，如城市滨海区的盐田、城市河岸区的养殖塘和果林。这些土地利用方式不仅对原有自然环境产生破坏，而且造成了环境污染。因此，以生态保护为主要目标的城市绿道，需要对这些区域内不当的土地利用方式进行整治，恢复其原有的生态空间。具体实施时可以引入本地生物、植被等，恢复生物栖息地，如湿地、草地、沙滩等，吸引各类生物在此地栖息；同时，对栖息地的植物空间进行统一规划，形成由低到高的水生植物、半水生植物、近水植物、湿地植物、灌丛和林地的有序植物空间，在蓄洪区采用自然形态设计，种植具有雨水净化能力的水生植物。

二、历史文化型城市绿道

通过构建城市绿道网络来保护历史文化资源，并不是一个全新的概念。早在1984年，美国就建成了第一条遗产廊道——伊利诺伊和密歇根运河国家遗产廊道，这是美国将其成熟的绿道理论应用到历史文化遗产保护中的代表，是美国根据其自身历史文化资源以及实践提出的新概念。如今的城市绿道借鉴了遗产廊道的相关概念，对历史文化资源的保护主要有两种途径：一种是对城市中既有的线性资源进行修复和保护；另一种则是将城市区域内相对分散的历史文化资源进行整合连接。

（一）依托城市既有的线性资源

城市中具有既定线性特征的历史文化资源，如城墙、历史老街、护城河、运河等，可以作为城市绿道的载体，借助城市绿道进行整体修复和保护，并使之更好地融入现代城市的肌理，深入城市居民的生活，使其保有生命力，甚至提升其自身活力，更好地让城市居民参与、亲近。

（二）整合城市内相对分散的资源

除了具有线性特征的历史文化资源，城市中更多的历史文化资源本身并不具备线性特征，而是以孤立的点或者一定区域内相对分散的点的状态存在于城市空间中，相互之间缺乏衔接性和贯通性，游客需要分别到达各景区，既浪费了宝贵的时间，也不利于节能减排，更重要的是影响了人们的体验。城市绿道网络有利于形成更加清晰而便捷的游览线路。城市绿道将分散在城市空间中的各个孤立的历史文化资源串联起来,不仅使人们更方便快捷地到达,而且结合城市绿道路线建设的自行车道,也不失为一种绿色出行的方式,为城市居民提供了一个亲近自然、接触自然、锻炼身体的良好机会。

第四章　区域绿道生态景观规划设计

第一节　城市道路生态规划设计概述

一、城市道路生态规划设计概述

（一）城市道路景观的含义

城市道路是指大、中、小城市以及大城市的卫星城规划区内的道路、广场、停车场等，不包括街坊内部道路和县镇道路。

城市道路是连接各功能区的纽带，反映一个城市政治、经济、文化的发展水平，也是城市形象和城市环境景观的核心。随着城市化进程的发展，人们生活质量的不断提高，对所居住的城市提出了越来越高的要求，创造城市道路景观已成为城市设计的一项重要内容。一方面，城市道路景观是组织城市景观的骨架，是展现城市景观最集中、最重要的载体，在一定程度上成为表现城市文化特色的媒介，并直接影响着城市景观；另一方面，城市道路景观又是城市景观的重要构成要素，与城市的整体氛围和特性密切相关，它的本质是人类的世界观、价值观和伦理道德的反映，是城市景观综合个性的物质表述。建筑师简·雅各布斯在《美国大城市的死与生》中曾说："当我们想到城市时，首先出现在脑海里的就是街道和广场。街道有生气，城市也就有生气；街道沉闷，城市也就沉闷。"

对于"景观"，人们往往将其等同于"景物"或"美的印象"，即狭义上的"景"以及人的感知结果和人在景中实现"观"的过程。这种解释是有局限性的、不完整的，因为城市道路景观不仅是道路、沿街建筑、道路家具、绿化、标识、广告等视觉实体，在这些实体里还含有地域、社会、文化和历史等因素。尤其是随着全球环境问题的日益严重，人们开始用生态的眼光关注身边的生产和生活环境。在这种生态意识的影响下，人们对景观内涵的认识和理解也随之拓展，不应再把它当作仅供人们欣赏的视觉观照对象和毫无生机的地表空间景物，而应认为它是由地貌过程和各种干扰作用（特别是人为作用）而形成的具有特定生态结构功能和动态特征的宏观系统。它体现了人对环境的影响以及环境对人的约束，是一种文化与自然的交流。景观的美不仅是形式的美，更是表现生态系统精美结构与功能的有生命力的美，它是建立在环境秩序与生态系统良好运行轨迹之上的。因此，研究城市道路景观，就要以生态原则为基础，从其规划、设计、建设和维护等方面入手。

（二）道路景观的构成模式与要素

城市道路景观作为一个开放的复杂系统，它的构成要素种类繁多，数量庞大，包含若干子系统，呈现出多元化和复杂化的趋势。道路景观，就其构成模式而言，除道路本身外，还包括道路边界、道路一定范围内形成的区域、道路段相接处及道路与道路相交处形成的道路节点等。就其构成要素而言，除构成道路景观的诸如道路线性、道路铺地等物质性要素之外，还包括人的活动及其感受等主观因素。此外，道路历史文化等有关人文景观方面也都构成了城市道路景观的重要内容。

1.道路景观构成模式

道路是形成道路空间、道路景观的本体性要素。道路线形的方向性、连续性及道路断面形式、路面材料色彩等景观元素构成了这一元素的基本内涵。

（1）道路边界

道路边界是指一个空间得以界定、区别于另一空间的视觉形态要素，也可以理解为两个空间的形态联结。道路两侧的边界可以是水面（如河川、海岸线等）、山体、建筑、广场、公园、植物或以上若干要素的组合体。

（2）道路的景观区域

道路景观区域主要是两向度的概念，由道路及两侧景观边界共同构成，具有空间场所的全部特征。在一条道路上，可以形成特征不同的若干景观区域，如近景区域、中景区域、远景区域。这种特征可以由地形、建筑、路面特征、边界要素特征等形成并主要表现在色彩、质感、规模、建筑物风格、植物、边界轮廓线的连续性等具体方面。

（3）道路结点

道路结点主要指道路的交叉口、交通路线上的变化点、空间特征的视觉焦点（如公园、广场、雕塑等），它构成了道路的特征性标志，同时往往形成区域的分界点。

2.道路景观构成要素

道路景观构成包括人的因素和物的因素，只有自然与人工的交织、共存，才能给予道路景观以内涵和深度。

与景观三元论相对应，城市道路景观同样也包括三个方面的内容：

（1）自然的景物，如树木、水体、和风、细雨、阳光、天空等，景观规划设计专业上称为软质景观；

（2）人造景物，如道路两侧的建筑物、道路铺装、墙体、栏杆、广告牌等景观构筑物，专业上称为硬质景观；

（3）人与文化，通常就是指在道路上活动着的人及其构成的景观，包括行人的活动、节庆活动的开展、车辆的流动及与之相关的人文活动，也包括道路本身所包含的历史文化等。

（三）城市道路景观的现状

城市的主干道往往是一个城市形象的表现，因此在进行城市道路景观规划时，越来越强调其作为城市线状景观带的作用，将道路景观作为展现城市面貌的窗口。近几年，我国城市的建设和更新带动了景观构筑，其中城市道路景观以日新月异的面貌昭示其建设发展的巨大成就，但是品质方面仍然存在很多问题，具体如下。

1. 缺乏整体性、连续性

主要表现在沿街的整体性和完整性欠佳，城市道路两旁建筑、绿化、小品、设施等景观要素设计缺乏统一考虑，如沿街建筑形式杂乱无章，广告随意张贴，街道设施分散凌乱，缺乏系列化、标准化设计，业主根据自己需求各自为政，不考虑整个街道风格，而规划部门又没有进行有效的引导与协调，从而使原有的景观和生态受到不同程度的影响。

2. 以车为本，缺乏人性化

城市化在加速，城市规模在变大，城市人口也在膨胀，这样的结果导致城市人口密集，市民活动范围减小。在传统的道路设计理念中，"以车为本"一直是道路交通设计的出发点，道路仅是人和车移动的通道，很少考虑市民的生活性需求，设计人员更多考虑的是如何使车辆快速通过，减少行人对行驶车辆的干扰。道路建设没有从人的角度出发，忘记了道路景观设计的目标是为人提供舒适优美的交通空间。人作为主体是道路景观的创造者和观赏者，作为客体又是景观构成要素，虽然有些建设者也提出"人性化"的口号，但认真分析城市道路中人的行为活动规律，从人的生理和心理需求出发，满足人们多样化、复杂化活动的城市道路景观却很少。"以车为本"的设计观念导致道路建设不考虑城市个性及景观环境，千篇一律的路网形式、单调的道路断面、冷漠的交通环境、令人懈怠的种植、铺装……剥夺了人（包括行人和车内的人）在行驶中精神享受的权利。对道路景观的正视正随着社会、经济的发展而日益增强，但总体来说对其认识还远远不足。

3. 缺乏文脉意识

没有特色的城市，必然缺乏魅力。城市道路景观承载着一个城市发展的历史，展示着城市的形象，反映出城市特有的景观风貌、风采和神态，表现出城市的气质和性格。中国是一个拥有悠久历史城市的国家，又是一个多民族的国家，许多城市是在旧城的基础上发展起来的，不同城市有其各自的文化特点，为我们留下了许多与生活密切相关、有保留意义的传统文化、地方特色和历史人文景观，这是时间沉积的结果。现代的城市道路大多是城市化的产物，大部分道路空间没有经过专门的设计，盲目照搬照抄，在进行城市道路建设时不尊重原有的城市道路景观或特色，不能有机地处理新增元素与原有景观组成元素之间的关系，忽视与周围空间的融合，破坏道路原有的良好景观。因此，无法展现道路的个性和传统文化，道路的差异性很小，城市道路建设缺乏个性，逐渐失去人们对环境的认同感。比如，随着保护意识的增强，现在设计人员已开始注重节点设计，并取得了一定的成效。

4. 缺乏生态意识

由于我国仍处于社会主义初级阶段，一切以经济建设为中心使我国社会经济得到大力发展，同时加快了城市化进程，为迅速改变城市落后的面貌，在规划新城区的同时，旧城区的改造也在各级政府的领导下开始对城市的市政和交通等公共设施进行治理。目前，我国的城市建设进入大发展的好时期，政府强调重视城市的绿化环境建设，尤其是城市道路绿化工程——被政府部门称为形象工程。在取得成就的同时应看到存在的问题。城市道路在设计时过分强调视觉美化在解决社会问题中的作用，更多考虑的是外在形象的观赏效果，唯视觉形式美而设计，唯参观者或观众而美化，唯城市建设决策者或设计者的审美取向为美，强调纪念性和展示性，而无视绿地的生态效益，城市道路绿地系统绿化低、生态效益差。比如，街道绿地实施"一哄而上"，新建的绿地片面强调图形的美观和象征意义，道路绿地未能将城市的专用绿地和公园绿地有效地连接起来，以形成网状的城市绿地系统；自然的、生态效益良好的地带性植物群落在道路的设计和建设中被破坏。

（四）城市道路景观与生态设计的关系

21 世纪的发展为人类的物质生活带来了巨大改变，为城市化的发展带来了巨大的环境问题。目前，城市复杂的环境问题，主要来自工业生产、交通运输和生活排放的有毒有害物质引起的环境污染，和对自然资源的不合理开发利用而引起的生态环境破坏，特别表现在水土流失、植被破坏、沙漠化等方面。这两大类的环境问题日益干扰着城市的发展，也对城市的景观生态建设提出了更高的要求。

景观生态设计。从广义和狭义两个层面理解，狭义的一面是指运用景观生态学的原理及方法进行景观设计，这一点强调的是景观空间格局和过程的相互关系。景观空间格局是由斑块、廊道、基质、网络、边界等元素构成的，过程则强调事件的发生。而广义上的景观设计，在这个层面上是指综合运用生态学的原理、方法和知识，其中包括生物生态学、系统生态学、恢复生态学、人类生态学和景观生态学等，对某一范围的景观进行规划和设计，实质上是综合的大地景观设计。

城市景观主要是人工景观，它注重的是通过人的合理规划设计所产生的生态过程，应用适地适树、结合景观的美学原理及景观格局的合理规划，在城市建设适宜人居住，同时为人类提供具有观赏、游憩的环境。运用景观生态学的方法规划城市景观，可以分析和评估规划设计中可能带来的生态学后果，为规划设计工作提供科学性和可行性依据。

二、城市道路景观的生态设计

（一）道路景观生态设计

道路生态学设计的主要研究领域：（1）道路对生物群落和生物栖息环境的影响，其中包括动植物的分布、侵入、隔离、迁移、种群规模、数量及其动态影响，道路建设对野生动植物生境的影响等。（2）道路对地质、地形、地貌、水文、土壤、小气候等物理环境的影响。（3）道路和车辆产生的道路污染带研究，其中包括噪声污染、汽车尾气和扬尘形成的大气污染、汽车泄漏和交通事故形成的有害、剧毒物质的污染等。（4）道路网络和道路影响带的研究。道路网络是由节点和交通廊道按照一定规则组合起来的空间网络，道路影响带是指道路及其载体交通流量而形成的空间生态效应影响地带，这种影响带的范围往往数十倍于道路本身的面积。因此，道路网络的研究包括网络结构、功能、密度、网络流、动态演替等，道路影响带研究包括空间距离、范围、格局、形态、影响类型、影响度等。（5）生态道路和生态道路网设计，包括生态道路规划、设计和建设。（6）道路交通政策、规划与发展对策研究，其中包括制定环境保护的法律、法规，环境影响评价、生态经济效益分析以及可持续发展对策等。

而道路景观生态设计，主要关注降低道路环境影响和提高道路两侧缓冲区生物群落多样性，研究的内容主要包括以下五个方面：（1）道路边缘植被及其他野生生物种群的多样性保护；（2）道路对周边环境的影响及其控制技术，包括道路雨水流动特征，雨水侵蚀和沉淀物控制，道路化学污染的来源和扩散特征性，污染物质的管理和控制，交通干扰和噪声；（3）道路对周边生境尤其是水生生态系统的影响；（4）体现道路景观的生态美和游赏价值；（5）尊重地域环境特点和文化特征，体现地方特色和文化内涵的多样性。

与道路景观的常规设计方法相比较，道路景观生态设计有明显的不同。道路景观生态设计在设计目标、功能、设计手法、植物群落特征、动物种群类型、生态稳定性、地域特征、公众参与、养护管理和投入方面都与道路景观常规设计有所区别。总体来说，生态道路景观的特征表现为：生态系统稳定性、建筑材料循环性、环境影响最小化和管理投入经济性。

与传统设计相比较，道路景观生态设计有其自身特点。但是，生态设计应该作为传统设计途径的进化和延续，而非突变和割裂。缺乏文化含义和美感的唯景观生态设计是不能被社会接受的，因而最终会被遗忘和湮没，设计的价值也就无从体现。生态的设计应该是、也必须是美的。可以说，生态设计是将生态的思想注入景观设计的过程，在对传统设计途径的进化和延续的前提下，实现生态、文化、美学等各景观因素的融合。

一个完整的生态设计应同时考虑城市的生态过程与生态功能，自然环境的审美功能和精神功能，这也是生态设计的三个基本要素。生态设计所涉及的问题一方面是设计的思想观念即生态理念，另一方面是表现形式及方法。生态设计的思想观念从宏观上表现为设计的可持续发展理论、以人为本的长远设计观及设计、自然、环境、人等诸种因素整体和谐统一的设计构想，生态设计的表现形式及方法主要包括生态技术、生态形式美等因素。道路景观生态设计也不例外。

（二）道路景观生态设计的原则

1.地域性原则

从生态位原理的角度来看，每个城市所在地域都有不同于其他地域的生态因子组合和生态条件，这就造成各个地域生态位的差异，形成了纷繁多元的生态世界。而现代城市建设，总体趋向于统一模式，绝大多数城市已经或正在丧失其地方特色。城市道路的建设也是其表现之一。

弗兰姆普顿认为，"地域主义并非仅仅代表那些由气候、文化、神话和技艺而自然产生的乡土特质而已，而是指近年为反映与彰显成员有限的理念而形成的一些地域学派"。所以，城市道路生态设计应强调、利用城市所在地域区域环境特性，保持和维护特定区域或环境及生态位的独特性，因势利导地造就各个不同生态位的城市道路环境；应该根据不同的生物区域而有所变化，设计应遵从当地的土壤、植物、材料、文化、气候、立地等条件。根据本地域实际的生态情况，选择有利于本地域可持续发展的设计。自然是各种因素平衡的结果，合理的设计应与自然相结合而不是相抗衡。

2. 延续性原则

新都市主义推崇建成环境及风景的连续性及进化性，强调理解并尊重城市场所中具有历史意义的建筑的重要性，新城市场所的设计也应随着时间的流逝而慢慢融入城市中去。同时，景观生态设计思想认为，城市是文化的博物馆，要把各种文化沉淀汇合，利用各种传统符号的拷贝，影射历史的肌理。要尊重城市过去发展与建设的历史，保护自然景观与人文景观。随着城市的发展，作为城市形象窗口的城市道路景观也应该尊重延续性原则。

3. 整体设计原则

在整体系统中界限是相互渗透的，系统之间的配合是如此错综复杂以至于体系之间的交换既没有废弃物也没有混乱。只有把整个城市同自然环境看作一个相互作用的系统，人们才能充分意识到城市中自然的价值。城市是人类在改造和适应自然环境的基础上建立起来的以人类社会为主体、以地域空间和各种设施为环境的生态系统，严格地讲，城市道路只是当地自然环境的一部分，它本身并非一个完整的、自我稳定的生态系统，它与周围的自然环境休戚相关，依赖于自然生态系统的各种作用而存在发展，因此在城市道路景观设计时，应该将道路放在整个城市生态系统中通盘考虑，考虑生态的连贯性保存和恢复生态系统。

城市道路生态设计的整体性原则还体现在每一条道路在设计时的总体考虑上，即将一条道路作为一个整体去考虑，统一考虑道路本身及其两侧的生态环境，避免将一条完整的道路变成片段的堆砌和拼凑，从而形成一条生态良好的道路。

4. 以人为本原则

道路是人类为满足自己活动需要而建筑的。"人性化"的城市道路景观设计通过改善车辆性能、提高道路平整度和道路绿化系统的生态效益，来减缓机动车交通给人的生理健康带来的环境污染，并体现"以人为本"关爱人的心理健康。城市道路的作用往往是综合的，在进行城市道路设计时，应着重分析道路的功能，保障道路功能的完整性。对于不同地区的城市道路，应充分考虑道路的功能，满足不同景观的需求。英国规划家W.Alonso 曾指出规划师犹如一个翻译，他的职责就在于把公众的需要"翻译"成物质的环境。对于城市道路空间的设计，应结合人的心理感受程度、行为需求及场所特征，考虑车行与人行的时空关系，使人在道路空间环境中活动时，不仅能感受到切实的安全感，同时还能获得放松，增强道路的生活性功能。

5. 边缘性原则

由于群落交错区生境条件的特殊性、异质性和不稳定性，使得毗邻群落的生物可能聚集在这一生境重叠的交错区域中，不但增大了交错区中物种的多样性和种群密度，而且增大了某些生物物种的活动强度和生产力，这一现象被称为"边缘效应"。城市主干道联系着城市中的各个分区，其影响范围及影响程度表现为"道路对各类生态因子影响的距离效应"。

6. 远、近期规划设计相结合原则

格罗皮乌斯说："美的观念随着思想和技术的进步而改变，谁要是以为自己发现了'永恒之美'，他就一定会陷于模仿和停滞不前。"城市道路生态设计应既有远期目标，又有近期目标，做到近远期相结合。在对城市道路近期改造完善的同时还应对未来的城市道路建设作出远期规划目标。

（三）生态材料在城市道路中的应用

材料是从事土木建筑活动的物质基础，材料的性能和质量决定了施工水平、结构形式和建筑物的性能，直接影响人类的生存环境和城市景观。大量建造的社会基础设施对人类生存环境发挥着巨大的积极作用。同时，也带来了不容忽视的消极作用，即大量地消耗地球的资源和能源，在相当程度上污染了自然环境和破坏了生态平衡。因此，建筑材料与人居环境的质量，与土木建筑活动的可持续发展性密切相关。开发并使用性能优良、节省能耗的新型材料，是人类合理地解决生存与发展、实现"与自然协调，与环境共生"的一个重要方面。

正如"材料科学的发展始终是桥梁技术进步的先行者和催产剂"一样，道路材料的发展也促进了道路的发展。所谓生态发展是指在生态上健全的社会经济发展，它要求人类社会的经济发展符合生态规律，尽可能地不造成对地球环境生态条件的损害生态发展的特征，是在经济发展的同时注意环境保护，使经济发展与生态建设相互统一，同步进行。因此，生态发展包括经济增长、人民生活水平提高和环境质量改善的全面发展，而生态材料在道路中的应用就诠释了生态发展的概念。

1. 生态材料

生态设计在城市道路中的应用在今天有更广泛的含义，它不仅指城市道路与地形地貌相适应，与城市空间格局相一致，也需要使城市道路在材料上与环境相适合，它必须是环境的一部分。由于"道路硬化"是造成城市诸多方面的环境和生态问题的根源之一，欧洲国家的一些城市在开始尝试建设生态城市时，把彻底改造城市的硬化地面、路面放到了非常重要的地位。德国南部著名的城市弗莱堡就是实例，值得借鉴。

生态设计这一概念产生之前，一般被表述为环境保护、环境修复、环境净化等。这正是 Cleaning Production 即清洁生产之意，它属于末端处理，指尽可能不排放废弃物，与废弃物最少量化、减少废弃物、防止废弃物是同义语。然而，现在不仅是这种在末端的污染物处理、再利用和防止污染的看法了。其技术的目标和对象扩大了，即从原料的开采一直到生产使用、再生循环利用、最终处理的整个生命周期，以实现环境效率最大化为目标。

采用生态设计生产环境协调性产品时，要特别注意材料的选择。显然，材料并非仅作为材料而使用，而是作为产品的组成部分使用的。因此，材料制造厂要请加工装配工厂来购买它的材料。加工装配工厂要开发环境友好产品，则不得不请材料制造厂供应生态设计的材料即生态环境材料。生态环境材料的性能指标中除传统的力学、物理、化学性能之外，又增加了环境协调性和舒适性。生态环境材料用于制造产品时，必须在用LCA对产品生命周期全程的环境负荷进行评价的基础上，选用环境负荷最小的设计与工艺，这一点很重要。

目前，各个加工装配工厂都在编写本厂的《生态环境材料选材指南》，以进行材料的选择。家电、计算机、汽车、办公自动化机器等制造厂家绿色供货特别活跃。对于加工装配工厂的这种动向，材料制造工厂必须认真应对，如果不开发优异的生态环境材料就会在市场竞争中被淘汰。

人类物质生产的材料随着独特的体系而发展。传统环境设计之所以随着材料、技术、工艺变化不断涌现出新的形式，根本还是在于时代背景、地域环境、人群需求的变化。选用生态环境材料的做法，最先是由日立制造所开始的。作为生态环境材料选材指南，该公司设置了能耗、清洁安全性、易于循环再生、材料物性、材料价格五个评价项目。据此五项指标通过综合评价分成 A（积极使用）、B（可以使用）、C（可使用但要改进为 A、B 类）、D（极力不使用）四个级别。现在大多数厂家都采用类似的做法。显然，这种生态环境材料的选材指南随当时的科技水平、法律法规、社会选择的结果而定，因此选取的材料必须不断地进行调整和修改。

生态环境材料包括本身直接起改善环境作用的材料和能降低产品在生命周期全程的

环境影响，从而使其性能得到提高的材料有两大类。无论是哪一类，都将对人类生存环境的改善起良好的作用。

在城市道路的修建过程中，路面材料的选取也非常重要，往往会带来经济效益和社会环境效益。相关资料表明，由于有效地对废旧沥青混凝土进行了再生利用，使得北京市沥青混凝土生产企业每年多获利550万元，而这其中包括节省下来的沥青、砂石等材料的材料费和运输费。再生沥青混凝土除了具有一定的经济效益，还间接地具有良好的社会效益和环境效益。因为铺筑再生路面充分利用了旧沥青混凝土，解决了沥青路面翻修所产生的大量废料对环境的污染问题，保护了人类的生存环境，符合我国可持续发展战略的要求；因为节约沥青和砂石材料，减少了对材料的需求量，又有助于自然环境的保护，缓和沥青材料供求的紧张状态。

2. 生态型混凝土

生态型混凝土即能够适应植物生长、对调节生态平衡、美化环境景观、实现人类与自然的协调具有积极作用的混凝土材料，有关这类混凝土的研究和开发还刚刚起步，它标志着人类在从事土木建筑活动、生产和使用混凝土材料的过程中，已经建立起要保护地球环境、维护生态平衡的意识。开发研究减轻环境负荷型混凝土的出发点，是人类承认最大宗的建设材料，即混凝土的生产和使用给环境带来负担是不可避免的。与此同时，面对大量产生的工业垃圾和混凝土给地球环境带来的负面影响，以尽量减轻这种危害的程度为目标所进行的种种努力和尝试，在对待混凝土与环境的关系上，应该说是一种被动的行为。而生态型混凝土概念的提出，标志着人类在处理混凝土材料与环境的关系过程中采用了更加积极、主动的态度。它的目标是混凝土不仅作为建筑材料，为人类构筑所需要的结构物或建筑物，而且它还是与自然融合的，对自然环境和生态平衡具有积极的保护作用。目前所开发的生态型混凝土品种主要有透水、排水性混凝土，生物适应型混凝土，绿化植被混凝土和景观混凝土等。

（1）透水、排水性混凝土

传统的路面材料为了达到强度及耐久性的要求，通常是密实、不透水的。但是这种路面所带来的问题是刚度较大，在车轮冲击荷载的作用下所产生的噪声较大，据有关资料统计，城市噪声中大约1/3来自交通噪声。同时，雨天路面积水形成水膜，增加车辆行驶的危险性。并且在短时间内集中降雨时，由于大量雨水不能及时渗入地表，只能通过排水设施排入河流，大大加重了排水设施的负担，容易造成洪水泛滥、道路被淹没、交通瘫痪等社会问题。在城区，由于道路覆盖率较大，不透水的路面使得雨水只能通过排水系统排走，不能直接渗入地下，使得城市地下水位不能得到充分补充，土壤湿度不够，影响地表植物的生长，使城市的绿色植物减少。不透气的路面很难与空气进行热量与湿度的交换，对城市空间的温度和湿度等气候条件的调节能力下降，产生"热岛"现象，使生态平衡受到破坏，城市气候恶化。

针对上述问题，在人类寻求与自然协调、维护生态平衡和可持续发展的思想指导下，进入 20 世纪 80 年代以来，美国、日本等发达国家开始研究透水性路面铺筑材料。并将其应用于公园、人行道、轻量级车道、停车场以及各种体育场地，与普通的水泥混凝土路面相比较，透水性混凝土对改善环境和调节生态平衡具有积极的作用。透水性道路能够使雨水迅速地渗入地表，还原成地下水，使地下水资源得到及时补充，保持土壤湿度，改善城市地表植物和土壤微生物的生存条件；同时透水性路面具有较大的孔隙率，与土壤相通，能蓄积较多的热量，有利于调节城市空间的温度和湿度，消除热岛现象，当集中降雨时，能够减轻排水设施的负担，防止路面积水和夜间反光，提高车辆、行人的通行舒适性与安全性；大量的孔隙能够吸收车辆行驶时产生的噪声，创造安静舒适的交通环境。

（2）人造轻骨料混凝土——吸音混凝土

吸音混凝土是为减少交通噪声而开发的，适用于机场、高速道路两侧、地铁等产生恒定噪声的场所，能明显地降低交通噪声，改善出行环境以及公共交通设施周围的居住环境。

为了防止噪声，一般从抑制音源、噪声传递路径、隔音及吸音等几个方面寻求对策。

吸音混凝土就是针对已经产生的噪声所采取的隔音、吸音措施。如果采用普通的、比较致密的混凝土做隔音壁，根据重量法则，墙壁的面密度越大，声波越不容易透过，隔音效果越好。但是致密性的混凝土对声波发射率较大，虽然对道路外侧降低噪声效果显著，但是混凝土具有连续、多孔的内部结构，具有较大的内表面积，与普通的、密实混凝土组成复合结构。多孔的吸音混凝土直接暴露面对噪声源，入射的声波一部分被发射，大部分则通过连通孔隙被吸收到混凝土内部，其中有一小部分声波由于混凝土内部的摩擦作用转换成热能，而大部分声波透过多孔混凝土层，到达多孔混凝土背后的空气层和密实混凝土板表面再被发射，而这部分被发射的声波从反方向再次通过多孔混凝土向外部散发。在此过程中，与入射的声波具有一定的相位差，由于干涉作用相互抵消一部分，对减小噪声效果显著。

（3）绿化、景观混凝土

现代城市建设密度越来越高，空间和地面几乎被色彩灰暗、表情呆滞的混凝土材料覆盖，人们生活在被钢筋混凝土填充的城市，感到远离自然，缺少生活情趣，因此渴望回归自然，增加绿色空间。绿化混凝土正是在这种社会背景下开发出来的一种新型混凝土。

绿化混凝土是指能够适应绿色植物生长、进行绿色植被的混凝土及其制品。绿化混凝土用于城市的道路两侧及中央隔离带，水边护坡、楼顶、停车场等部位，可以增加城市的绿色空间，调节人们的生活情绪，同时能够吸收噪声和粉尘，对城市气候的生态平衡也起到积极作用，与自然协调、具有环保意义的混凝土材料。截至目前，绿化混凝土共开发了孔洞型绿化混凝土块体材料、多孔连续型绿化混凝土和孔洞型多层结构绿化混凝土块体材料三种类型。

20世纪90年代初期，日本最早开始研究绿化混凝土，并申请了专利。当时主要针对大型土木工程，如建筑道路、大坝、人工岛等，需要开挖山体，破坏自然景观，同时产生大面积的人造混凝土平面或水边护坡等部位，需要进行绿化处理。随着人类对环境和生态平衡的重视，混凝土结构物的美化、绿化、人造景观与自然景观的协调成为混凝土学科的又一个重要课题。在此背景下，日本混凝土协会成立了混凝土结构物绿化设计研究委员会，从混凝土结构物的绿化施工方法、评价指标等多方面进行了系统的研究和开发。因此，绿化混凝土在日本得到了广泛的应用，从城市建筑物的局部绿化、沿岸、护岸工程到道路、机场建设等大型土木工程，均考虑了绿化措施。

近年来，我国城市建设速度加快，城区被大量的建筑物和混凝土的道路覆盖，绿色面积明显减少，所以也开始重视混凝土结构物的绿化问题。截至目前，还仅限于使用孔洞型多层结构绿化混凝土块体材料，用于城市停车场。而对于郊外大型土木工程的施工，绿化问题则考虑得很少，为了修筑道路或隧道等破坏了的自然景观难以得到修复。因此，积极地开发、研究并应用绿色混凝土是将混凝土向环保型材料发展的一个重要方面。

随着材料科学的发展，生态材料在城市道路中的应用将越来越广，对于城市的整个生态环境起到有利的促进作用。

第二节　基于绿视率的重庆新建城市道路绿化设计

城市道路绿化景观的优劣，直接影响着城市的整体景观感受，道路绿化的水平直接反映出城市的绿化特点，它是体现城市面貌和个性的重要因素；城市道路绿化还担负着城市的天然制氧厂、绿色吸毒器、噪声消减器等功能，道路中树木的美丽姿态与茂密的树冠也构成了美丽的街景特色，因此城市道路绿化设计在整个城市中的作用是举足轻重的。阿里斯托尔曾说，一个城市应该为了给它的居住者提供安全和幸福而建造。

一、绿视率与城市道路绿化设计概念界定

（一）绿视率的由来及概念

环境心理学家很早就研究发现，颜色能直接影响人的身心健康，对治疗人体疾病有一定作用。人类对色彩的感觉是一个复杂而微妙的心理、生理、化学和物理过程，色彩进入眼帘，能引起人们多样的感情和心理效应。正如英国著名心理学家格列高里曾说，颜色知觉对于我们人类具有极其重要的意义——它是视觉审美的核心，深刻地影响着我们的情绪状态。几年前，色彩学家与心理学家就致力于研究色彩与心理的关系，研究数据资料表明，人的视觉器官在观察物体时，最初的 20 秒内色彩感觉占 80%，而形体感觉占 20%；2 分钟后色彩感觉占 60%，形体感觉占 40%；5 分钟后各占 50%，并且这种状态将继续保持。由此说明，色彩从人们感受的第一感觉和最终感觉在这起了举足轻重的作用。而且舒服的颜色搭配能够给人带来快乐、高兴、轻松的感受。

绿视率这一概念首先由日本的青木阳于 1987 年基于视觉环境科学的发展而提出，是指在人的视野中绿色所占的比率。后在 2002 年由日本环境心理学研究专家大野隆造教授提出的绿视率理论被实验心理学、环境心理学、市场研究和人类工程等学科采纳和发展，并在景观规划设计中得到广泛应用。绿视率是指眼睛看到绿化的面积占整个圆形面积的百分数。研究表明，绿色在人的视野中达 25% 时，人感觉最为舒适，产生良好的生理和心理效应。据统计，世界上几个有名的长寿区，其绿视率均达 15% 以上，而绿视率在 5% 以下的地区患呼吸系统疾病的死亡率，比绿视率在 25% 以上的地区患呼吸系统疾病的死亡率要高出 50% 以上。

（二）绿视率在城市道路设计中的应用

城市形象是一个城市各项事业发展的重要表现，城市道路是人感知城市形象的第一

要素，城市道路景观的塑造对于城市形象、城市环境的提高有着重要意义。城市道路绿地是自然环境和人工构造物的结合体，也是实现环境再造和环境心理研究的一个重要载体，优美的城市道路环境会为城市道路使用者带来许多审美情趣和驾驶乐趣等诸多积极的影响。研究城市道路绿视率的影响因素和形成机制，对于城市道路绿地建设向更高的水平发展具有理论的指导意义。道路绿视率概念的提出，为城市道路绿化质量的优劣提供了一个全新的评判标准，体现了城市决策者和绿地工作者在道路绿地把关和设计中以人为本的理念。现在整个世界都处于钢筋混凝土时代，人们更渴望从周围环境中寻求到怡人的景象，植物作为道路系统中唯一个的有机生物，自然引起了人们高度重视，在这种视觉下，绿色的多少便成为人们视觉舒适度的评定标准。目前，不少城市把提高城市道路绿视率作为城市绿地建设的近期发展目标，如上海、杭州、南京、徐州等。道路绿视率之所以能够得到一个城市决策者和绿地工作者的重视，主要有以下原因：第一，城市道路绿地的精神面貌直接关系着城市形象工程建设，并能为城市和区域发展带来直接或间接的经济效益；第二，城市道路绿地环境的特殊性和用地的局限性，有必要考虑城市道路绿地设计的绿视率指标，在有限空间内最大限度地改善城市道路绿地风貌；第三，伴随着公众参与机制的发展，人民自身的需求和感知越来越受到绿地规划者的重视。现在，提高城市道路绿视率已在全社会达成了高度的共识，但是就怎样通过在城市道路绿地设计中提高绿视率指标，还没有比较全面的分析和研究，对于提高绿视率的方法也没有一个统一的标准。

（三）影响城市道路绿视率的因素

城市道路绿地景观作为城市景观的骨架，它肩负着城市景观中物质、能量、信息和生物多样性集中或汇集，也是展示城市特色和风貌的使命。因此，城市道路作为一种比较特殊的环境系统，它受到很多相关因素的制约和影响。为了在使用过程中让人们从视觉、心理和环境协调统一，营建良好的视绿体验空间，必须对道路绿地中环境要素进行一定的认知。

1.道路板式

道路绿化景观的多样化随着道路板式的变化而变化，不同板式的道路绿化形式是不尽相同的，所形成的绿视率自然也是有所区别的。我们所讨论的道路板式是指道路横断面的布置形式，现阶段，随着市民机动车拥有量的高速增长和城市化的加速发展，以及现代城市道路交通流量的日益提高，交通基础设施供不应求的矛盾日益尖锐。道路的横断面布置形式已从过去传统的一板两带式、两板三带式发展到了现阶段的三板四带式、四板五带式等形式。不仅丰富了道路绿地的布局形式，还提升了道路景观形象。当然道路横断面的布置形式是根据道路所处的地理位置、环境条件的特殊性以及为了表现特有的城市景观等不同需求所规划设计的。道路绿视率主要取决于人的视野范围中道路绿带所呈现出绿色面积的多少。一板两代式道路布局中植物种植密度较高、规格较大、冠幅茂密，以及其他可能影响绿视率值的其他因素，很难判断一板两代式道路布局的绿视率值是否低于其他板式。所有初步认定道路板式与绿视率值的高低没有必然关系。

2. 道路红线宽度

我国现在的城市，特别是大城市的发展都经历了一个由小到大、由中心向外围不断扩大的发展过程，老城区道路宽度普遍较窄，干路路网密度不足。在旧城改造中，面临着如何提升部分道路的等级问题，因此，道路红线的范围变得越来越宽。

国标《城市道路交通规划设计规范》（GB／50220-95）（以下简称《规范》）和部标《城市规划基本术语标准》（GB／50280-98）对道路红线的定义为，规划道路的路幅边界线。《规范》的条文说明，道路宽度包括人行道宽度和车行道宽度，不包括人行道外侧城市绿化用地宽度。红线宽度是否包括人行道外侧的绿带，《规范》未作出严格的规定。由于道路红线宽度包括的因素较多，各个因素可能对绿视率存在一定的影响。所以在进行绿视率分析时无法单一地把道路红线宽度脱离开来。因此，道路红线宽度和绿视率没有必然的联系。

3. 车行道路幅宽度

随着人们物质生活水平不断提高，市民拥有的机动车数量日益增多，城市化进程的加速发展，城市原有交通的基础设施供不应求的矛盾日益凸显，道路路幅也在日益加大。行走在道路上人们视线中大面积出现的是钢筋混凝土，道路绿化显得十分单薄。因此，现代化、高等级的城市道路大多会面临低绿视率的问题。由于重庆特殊的地理条件，在相同道路红线宽度范围内想拓宽道路车行道宽度，势必会减小绿化带宽度，由此对绿视率值的影响是不可估量的。

由于人的视野范围是有限的，尤其在行进的过程中，人的视线方向往往保持向前的状态而很少关注两侧。且道路路幅宽度较大时，绿量离道路更远，视线从两侧所获得的绿量就较少，这样一来，就比道路旁物体离路边近时更有一种静止不动的感觉。因此，当其他因素一定的条件下，道路路幅宽度等大的道路，绿视率值可能越小。

不同规模的城市对道路交通的需求存在很大的差异，根据《城市道路绿化规划与设计规范》的规定，将城市道路分为快速路、主干路、次干路、支路四类。根据道路等级的不同，道路路幅宽度也有相应的规划指标要求。

4. 绿化配置模式

绿化配置模式是绿化的主题，是道路绿地设计的主旋律。绿化配置模式不仅可以改善城市道路景观的效果，而且可以从立面上有效提高城市道路绿视率。根据前文将绿化模式定义为绿化配置形式，按照绿化植物种植密度分为密林式、疏林灌木式、疏林草坪式、单一乔木式、单一灌木式五个种类。种植密度是绿化量的立体表现，种植密度的高低也会直接反映绿色在视野中的面积不同。从空间层次和绿量来讲，密林式植物配置较复杂，树种类型包括乔灌草，植物量较多，空间层次丰富，植物长势相对茂密，从绿色在眼球所占面积率来讲，相比其他模式特别是单一灌木式要多很多。因此，推断出绿化配置模式与绿视率值成正比：绿化配置模式越复杂，绿视率值越高，反之越低，

5. 时间因素

在城市道路景观的构成要素中几乎都是无机物质，其中只有植物是唯一的生物。植物作为城市道路景观构成要素中唯一的生物，因此城市道路绿地的景观是具有生命特征的景观，它的景观特征必然受大自然外部因素以及自然生长内部因素的影响。

植物的四季交替是大自然最真实的写照。在城市道路绿地景观中，植物是季相变化的主体，植物的季相变化是植物对气候的一种特殊反应，是生物适应环境的一种表现。对道路绿视率而言，季节更替变化也是重要的影响要素之一，因为在绿视率中发挥重要作用的就是植物的叶片。植物叶片的茂密程度会随着四季的改变而改变，因此我们难以确保道路绿视率指标维持在一个相对静止的水平，这就要求设计者不仅要了解植物的季相变化，更为关键的是要能因地制宜地创造出满足季节变化的视觉效果。

树木的自然生长规律也是大自然赋予植物的另一自然因素。在对道路绿视率的影响因素分析中，我们无法回避植物生长所带来的不可预期的影响。因此，对于道路绿视率设计，设计者不仅要考虑其短期内的树冠大小，还应考虑其中期和远期的绿视效果，与气候四季更替变化一样，植物的自然生长规律是我们无法控制的，在不影响交通安全的前提条件下，植物的自然生长规律对绿视率指标来说是有利的。

无论是植物的外部影响因素，还是植物内在的自然生长条件，都直接与绿视率值的大小密切相关。植物的季相变化对绿视率值的大小影响很大，同一种植物夏季与冬季的绿视率值截然反映出两个极端的值：夏季处于绿视率的最高值，冬季则反映出绿视率最低值。而植物内在的生长规律则是树龄越大，植物叶片相应增多，绿量也在增大，从而绿视率值也增大。

二、重庆新建城市道路绿化设计形式与绿视率相关性研究

（一）重庆新建城市道路选取

本节报据不同道路断面类型选择，主要研究对象为重庆八大主城区近几年新建城市道路绿化，涵盖渝北区、北部新区、江北区、九龙坡区、沙坪坝区、大渡口区、南岸区、巴南区。涉及的道路有渝北区金开大道、金渝大道、金通大道、双龙大道、嘉悦大桥、龙华大道、青枫南路、新南路、锦湖路、余松路；北部新区金开大道、泰山大道、天宫大道、天山大道、黄山大道、星光大道、兰馨大道、星光一路；江北区五红路、红锦大道、嘉华大桥北延伸段；九龙坡区迎宾大道、创业大道、华福路、蟠龙大道、火炬大道、华龙大道；沙坪坝区大学城大道、大学城中路南段、大学城中路；大渡口区铜桥路、建桥路；南岸区学府大道；巴南区滨江路、龙海大道，共计36条道路。

（二）重庆新建城市道路绿化设计形式

道路绿地景观随着道路的走向呈点状、面状、线状分布，这就形成了点、线、面相结合的道路景观序列。道路绿地景观规划设计就是有序地组织和安排景观序列，使之能够体现道路特色，从而达到美化道路和美化城市的作用。重庆新建城市道路由于受重庆地貌特征的影响，道路绿化设计形式也跟随着地貌特征在不断变化，因此就出现了一条道路在几百米或者一两公里的时候绿化设计形式变为其他的形式。在这里只探讨一条道中的一种绿化设计形式。

1. 重庆新建城市道路绿化布局形式调查

如果说人马时代的传统城市是单尺度城市，人车时代的现代城市则应该成为"人"尺度与"车"尺度共生的双尺度城市。现代道路绿地设计要求既有公共绿地单尺度的静态、和谐、亲切的人的尺度，又可通过"大"尺度来享受城市道路绿地的景观环境。

对城市道路的路段景观环境的设计，道路断面的景观模式是至关重要的。道路的断面，从总体空间形式上分为道路纵断面和道路横断面。道路的纵断面体现的是道路的风貌特征，而道路的横断面则充分反映道路路段内部景观的状况。道路纵断面的景观形式主要是反映道路内部，根据划分区段呈现出不同区段的环境特征，因此出现不同的景观区段，体现出不同的道路性格；道路横断面的景观形式主要是体现道路的布局形式，也是反映道路内部景观的绿化设计形式特征。根据对重庆新建城市道路的现场调研，重庆市的道路断面布置形式从过去传统的"一板两带式""两板三带式"发展到了现在路幅大量加宽的"新两板三带式"和升级以后的"三板四带式""四板五带式"等形式，不

仅丰富了道路绿地的布局形式，还提升了道路的景观形象。

（1）一板两带式

一板两带式的道路。道路红线宽度为22~30米，主要涉及巴南滨路、铜桥路、星光一路、青枫南路、蟠龙大道、火炬大道、建桥大道、锦湖路8条道路。

（2）两板三带式

两板三带式的道路。道路红线宽度为25~80米，道路红线跨度较大，从而绿化设计形式也是多样变化的，主要涉及五红路、余松路、华龙大道、华福路、星光大道、创业大道、黄山大道、嘉悦大桥、金开大道、学府大道、金渝大道、泰山大道、天山大道、金通大道、兰馨大道、新南路、金开大道、迎宾大道、龙华大道、新溉大道、嘉华大桥北延伸段、红锦大道、天宫大道23条道路。

（3）三板四带式

三板四带式的道路。重庆主城区新建城市道路中只有渝北区双龙大道，此种道路板式在重庆道路中应用较少。

（4）四板五带式

四板五带式的道路。道路红线宽度为55~75米，一般都是近几年刚刚规划实施好的道路，主要涉及的道路有沙坪坝区大学城中路、大学城中路南段、学城大道以及九龙坡区龙海大道。

2.重庆新建城市道路绿化植物配置形模式

植物配置模式是绿化的主题，是道路绿地设计的主旋律。植物配置模式不仅可以改善城市道路景观的效果，而且可以有效地提高城市的环境质量和城市的形象，根据对现场的调研，重庆新建城市道路的绿化配置形式主要包括单一乔木式、密林式（乔木灌木草花）、单一灌木式、疏林灌木式（乔木灌木）、密林单一乔木式、疏林灌木单一乔木式等几大类型。

（三）树种选择与绿视率的取值范围

城市道路中绿化植物是构成道路系统的唯一生物。植物作为道路绿带内的主体，在道路系统有限的区域范围内发挥最大的景观效果是至关重要的。前期绿化植物的选择直接关系到以后城市道路景观的优美程度，对道路绿视率而言，植物在受到大自然外部环境的影响下，即植物的自身生长和季节更替变化都是对绿视率重要的影响因素。因为在绿视率中发挥重要作用的就是植物的叶片，植物叶片的郁闭程度会随着自身的生长年龄及四季的改变而改变。

在树种选择上，第一，要做到的是适地适树，尽量选用乡土树种，乡土树种对当地的土壤、气候适应性强，而且很具有地方特色，应该作为城市道路绿化的主要树种。第二，选择树种时要选用抗性强、耐性强、易管理的树种，这样可以减少后期的养护管理成本。第三，选择树种时要从植物的形态、季相乃至寓意考虑与周围环境相协调，与建筑群构成色泽浓郁、季相变换的城市景观。第四，选择姿态好，叶、花、果等均有观赏价值的树种。力求做到春季繁花似锦、夏季绿树成荫、秋季硕果累累、冬季枝干苍劲，四季皆有景观。第五，选择树种时优先考虑具有一定经济价值的树种。第六，宜选择应用多种树种，形成各自的特点，这样既可以丰富道路景观的树种层次避免单调，也可以为生态植物群落的多样性作出贡献。

行道树绿带是布设在人行道与车行道之间，种植行道树为主的绿带，主要功能是为行人及非机动车庇荫。行道树的选择往往是整条道路整体景观风格的定位，而乔木在道路绿化中，主要是作为行道树，由于乔木树种树冠一般都比较大，因而在城市道路绿地设计中，行道树树种的选择对于道路景观风格的定位以及道路绿视率指标的高低是具有现实意义的。

通过调查，重庆市行道树主要有银杏、香樟、桂花、黄葛树、小叶榕、二球悬铃木、乐昌含笑、天竺桂、广玉兰、秋枫等树种。由于乔木的形态取决于干径、冠幅、株高、干高、冠下高等因素，所以使相同树种不同规格所造成的观赏效果差异很大。我们对树种不同规格大小、生长情况、景观效果的优劣都要做充分了解，这样才能对影响绿视率的大小作出准确的设计。

（四）基于绿视率下的城市道路绿化设计模式研究

1. 一板两带式道路绿化模式构建

一板两带式道路的植物配置形式主要是通过单一乔木式和密林式单一乔木式这两种配置模式取得高美景度评价和最佳的绿视率取值范围。

（1）单一乔木式

单一乔木式植物配置模式主要是以独立树池的形式出现。乔木的冠幅较大，树形主要是以圆球形为主，给人以优美、圆润、柔和、生动的感受。

（2）密林单一乔木式

一板两带式道路中密林单一乔木式植物配置模式主要是路侧绿化带以密林的形式存在，人行道上以独立树池的形式出现。路侧绿化带中，以常绿乔木、开花小乔木与花灌木的形式出现；人行道树池种植常绿或者落叶乔木。路侧绿化带中，常绿乔木树形主要以圆球形为主，配以具有色叶变化小乔木和花灌木。

2. 两板三带式道路绿化模式构建

两板三带式道路夏季的总体绿视率值与冬季绿视率值跨度不是很大，因为道路中绿化带数量的增加，为提高道路绿视率作出了很大的贡献。在美景度评价中评价最好的道路路侧绿化带绿化模式，主要有密林式、疏林灌木式＋单一乔木式、单一乔木式以及与中央绿化带的密林式模式。通过整理得出，两板三带式植物配置形式主要是通过"密林式＋疏林灌木式""密林式＋单一乔木式""密林式＋密林式""密林式＋（密林式＋单一乔木式）""密林式＋（疏林灌木式＋单一乔木式）""疏林灌木式＋（密林式＋单一乔木式）"这六种配置模式取得高美景度评价和最佳的绿视率取值范围。

（1）密林式＋疏林灌木式

两板三带式道路中，密林式＋疏林灌木式植物配置模式是指中央绿化带采用密林式的种植方式，路侧绿化带采用疏林灌木式的种植方式。在中央绿化带中一般以常绿乔木、落叶乔木相搭配的方式进行种植，在配置以具有色叶变化或者开花的小乔木加以灌木的形式出现；路侧绿化带中以常绿（落叶）乔木、灌木的形式出现。在中央绿化带中常配以多种树形达到整体的美观，路侧绿化带中常绿（落叶）乔木树形主要以笔形、圆球形为主。

（2）密林式＋单一乔木式

两板三带式道路中，密林式＋单一乔木式植物配置模式是指中央绿化带采用密林式的种植方式，在人行道上采用树池的种植方式。在中央绿化带中一般以常绿乔木、落叶乔木相搭配的方式进行种植，在乔木下面种植球球和灌木；人行道上树池中一般都是常绿乔木，在中央绿化带中常用笔形与卵形相搭配的树形形式，人行道树池中常绿乔木树形主要以圆球形为主。

（3）密林式＋密林式

两板三带式道路中，密林式＋密林式植物配置模式是指中央绿化带与路侧绿化带均采用密林式的种植方式。在植物配置层次上较为丰富，以乔、灌、草同时出现为主；密林式中树木常以多种树形相结合的形式达到整体的景观效果。

（4）密林式＋（密林式＋单一乔木式）

两板三带式道路中，密林式＋（密林式＋单一乔木式）植物配置模式是指中央绿化带与路侧绿化带均采用密林式的种植方式，人行道上采用树池的形式进行种植。在中央绿化带和路侧绿化带中一般以常绿乔木、落叶乔木相搭配的方式进行种植，在间隔种植色叶小乔木增强气氛，乔木下面种植球球和灌木使植物层次加强；人行道上树池中一般为常绿乔木。在中央绿化带和路侧绿化带中常用笔形与馒头形相搭配的树形形式，人行道树池中常绿（落叶）乔木树形主要以圆球形为主。

（5）密林式 +（疏林灌木式 + 单一乔木式）

两板三带式道路中，密林式 +（疏林灌木式 + 单一乔木式）植物配置模式是指中央绿化带采用密林式的种植方式，路侧绿化带采用疏林灌木式进行种植，人行道上采用树池的形式进行种植。在中央绿化带中一般以常绿乔木、落叶乔木相搭配的方式进行种植，路侧绿化带上以种植乔木为主，在乔木下面种植球球和灌木；人行道上树池中一般为常绿乔木。中央绿化带中常用笔形与卵形相搭配的树形形式，路侧绿化带上使用具有色叶变化笔形乔木最佳，人行道树池中常绿乔木树形主要以圆球形为主。

（6）疏林灌木式 +（密林式 + 单一乔木式）

两板三带式道路中，疏林灌木式 +（密林式 + 单一乔木式）植物配置模式是指中央绿化带采用疏林灌木式的种植方式，路侧绿化带采用密林式进行种植，人行道上采用树池的形式进行种植。在中央绿化带中一般以落叶乔木与开花小乔木相搭配的方式进行种植，路侧绿化带上以种植乔灌草复合绿化结构模式；人行道上树池中一般为常绿乔木。中央绿化带中常用笔形的树形形式，路侧绿化带上使用圆球形和圆柱形乔木最佳，人行道树池中常绿乔木树形主要以圆球形为主。

3. 三板四带式道路绿化模式构建

三板四带式道路的植物配置中，疏林灌木式 + 单一乔木式的植物配置模式，美景度评价和绿视率值都处于较好区域。在树形上也多为常绿的圆球形、塔形与绿篱相互结合。

4. 四板五带式道路绿化模式构建

四板五带式道路的植物配置是密林式 + 密林式 +（密林式 + 单一乔木式），是指在中央绿化带、两侧绿化带、路侧绿化带上采用密林式的种植方式，人行道上采用树池的形式进行种植。在树形上也多为圆球形、笔形、圆柱形、伞形与球球或者绿篱相互结合。

第三节　基于现代生活方式的重庆山城步道设计案例

步行是山城重庆的重要出行方式，而山城步道往往随高就低，能提高通行的效率，自然成为市民步行的交通载体，但随着城市的发展，人们更倾向选择更便捷的车行交通，山城步道的交通功能日益衰弱，山城步道也因车行道的打破而处于闭塞、支离破碎的状态，并逐渐被城市忽略。随着城市旅游业的发展和人民生活水平的提高，山城步道的休闲娱乐、文化展示等功能被挖掘，山城步道逐渐回归到人们的视野之中。本节立足于重庆山城步道的景观特色和其给现代生活方式带来的影响，运用相关设计理论，探讨既能满足现代生活方式又能保持地域特色的重庆山城步道景观设计策略。

一、重庆山城步道的景观解读

（一）山城步道景观的生成环境

1. 自然环境

重庆地处四川盆地东部，其被大巴山、巫山、武陵山和大娄山环绕。全市自然地形地貌条件复杂且差异较大，地貌以丘陵、山地为主，约占90%，坪坝不足10%。地形复杂，不同地形之间相互制约和影响，形成了独特的山地形态。重庆依山而筑且城在山中的特点，被人们称为"山城"，又濒临长江和嘉陵江，临水而建而被称为"江城"，其独特的山水格局和地貌格局，具有典型的重庆特色。主要有长江、嘉陵江、乌江河流等流经重庆。而就主城区而言，长江和嘉陵江绕城而行。因此，整个主城区因两江交汇而被划分成两江四岸的格局，形成独特的两江景观。而滨江路也是观景的绝佳线路，不管是南滨路还是北滨路，都成了观景远眺渝中半岛景色的绝佳线路。滨江步道应作为景观视线通廊进行设计，把江面与对岸的山水人文景色引入街区中。另外，滨水滩涂地的步道设计应充分考虑枯水季节水位线的变化，设计出不同高度、多层次、立体化的休闲步道。重庆属于典型的亚热带季风气候，重庆降水丰沛且喜夜雨，有"巴山夜雨"之说，在5~9月更甚。因重庆三面环山，沟壑纵横，所以风速较小。相对湿度较高，冬季多大雾，素有"雾都"之称。另外，因其地形郁闭、夏季气候闷热，且多伏旱，素有"火炉"之称。重庆的气候恰如几句谚语：春早气温不稳定，夏长酷热多伏旱，秋凉绵绵阴雨天，冬暖少雪云雾多。总体来说，重庆具有高温、高湿、风缓的气候特点。重庆气候中的云雾雨雪、日出日落、四时季相这些气象现象都是山城步道景观设计可利用的自然景观要素。

2. 人文历史背景

在重庆独一无二的自然地理环境下，重庆人在千百年来的历史文化的积累沉淀和外国文化的碰撞中孕育出很多地域文化，如"巴渝文化""陪都文化""抗战文化""移民文化"等，这些地域文化反映了重庆人与自然和谐和包容不同的积极精神。

重庆城市文化的根源可以追溯到巴渝文化，巴渝文化是重庆文化的"根"和"源"。

悠久而绵长，厚重而独特。而巴渝文化一个重要的特点表现在对自然环境超强的适应能力。山地景观不仅为适应地形的变化而灵活布局，而且又以其特殊的方式强化山地特征，身处山地景观中也使人们形成了独具特色的行为方式，丰富了城市的文化内涵。

陪都时期，随着政治中心的转移，大量人员云集陪都，他们开始建造公馆和别院，这些建筑则作为这段历史的重要见证而遗留至今。据20世纪80年代不完全统计，重庆大大小小的陪都遗迹有近400处之多，如国民参政会旧址、重庆谈判旧址、大使馆旧址、临时政府旧址、红岩村、林园等，这些遗址主要分布在重庆主城区，是重庆弥足珍贵的文化财富。由于重庆大规模建设的开展，有些已不复存在。重庆的抗战文化是经历了长期的革命斗争而培育的，战时的陪都使得重庆人骨子里具有了革命的情怀，给社会留下了许多宝贵的历史财富，深刻地记录着抗战时期重庆人民心酸的血泪史，成为著名的革命纪念地。

抗战时期大批有志青年学子也来到重庆，使抗战文化兴盛一时。新中国成立后，也围绕那些抗战英烈创作了大量的文学艺术作品，充分体现了巴渝优秀儿女寻求真理、救亡图存的红岩精神，经历了改革开放近40年的发展，我国从外面学到了许多优秀的理念，国内许多城市也投入了城建的大浪潮中。重庆自1997年直辖以来，城市化的速度不断加快，新的建筑形态、建筑材料把重庆推向国际大都市的队伍中。这些形式感极强的标志性建筑和景观都诉说着重庆城市现代化的发展。

（二）山城步道景观的构成要素

研究山城步道景观不能仅着眼于步道表面的构成景物，必须研究步道和地区的关系。山城步道的产生和发展与城市的自然地形地貌、历史文化和人文活动有直接的关系。自然地形地貌是影响山城步道空间形态的主要因素，历史文化是赋予山城步道地域文化特色的源泉，而人文活动则是赋予山城步道活力的来源。因此，将山城步道景观的构成要素分为自然要素、人工要素和社会文化要素三个部分，这三种要素相互联系、相互作用，犹如一个生命体的躯壳和灵魂，共同构成了重庆独特的步道景观。

1. 自然景观要素

山城步道空间是依附于自然而产生的，其空间环境应该同周围自然条件有着较好的联系。正如赖特所说，应该是从自然中有机生长出来的，而并非强加于自然，甚至破坏自然环境。尤其是重庆独特的地理环境，更加强调了步道应该与周围自然景观和地形环境相适应，营造出独特优美、舒适宜人的山城步道景观。影响重庆山城步道的自然景观要素包括地形地貌（高山、水网、河谷、沙丘等）、水文（江、河、湖、海、沼、塘、沟、渠、瀑等）、气候（风、雨、光、温度、湿度等）、植被（种类、生长状况等）等。

2. 人工景观要素

人工景观要素是人们在适应自然、改造自然过程中留下的人工印记，其对步道景观氛围营造的影响很大。构成步道的人工要素大致可以分为建筑、路面、步道设施和其他。

3. 人文景观要素

（1）民俗文化

在城市文化的众多层面中，由城市市民创造，并在他们的行为习惯、宗教信仰、伦理观念、审美情趣、价值取向、语言等方面显现的地方文化特征，就是市民的习俗文化。在重庆的历史长河中，由于人们的生活生产而沉淀下来的丰富民俗文化，可以在步道景观中得以体现。重庆节庆活动丰富、内容多样，如每逢春节时，人们在步道中组建龙灯表演队；有些步道中还有每周固定的赶场活动。重庆火锅起源于船工纤夫，是一种粗放餐饮方式，这种饮食习惯在传统步道随处可见，人们冒着酷暑，在街边"三托一"火锅旁光着半个身子，吃得浑身冒汗的情景，传统生活中为家庭生活外露的生活方式，凸出的平台或曲折的边角成为室内空间的延伸，人们在此择菜、洗衣，步道因此成为日常生活的一部分。因此，这为不同人家之间的交往提供了可能性和便捷性，人们可以在屋前平台上向台阶下的路人打招呼。

地名也是城市文化的一部分，它存在于人们的记忆之中，地名也见证了场地的发展。虽然场地发生了很大的变化，但是地名却一直没有发生变化，通过地名我们能回忆往事。而重庆的地名十分有特点，很多街巷是根据地形特点来命名的，如岩、坡、坎、梯、堡、岭、冈、坝、梁等，其命名如曾家岩步道、十八梯、石板坡山城步道等，这些都是重庆的文化特色。

（2）历史文化

重庆是一座具有3000多年的悠久历史和光荣的革命传统的城市，拥有自己独特的重庆精神。步道景观在其形成和发展过程中都与一些重要的历史事件或历史人物相关联，并赋予其历史内涵，是步道景观历史内涵的重要体现形式。对于步道的历史文化，主要包括步道沿线的名人故居、历史遗址、牌坊等纪念性建筑物，步道中年代悠久的树木以及为纪念历史事件和人物而产生的民俗活动等景观元素，这些都见证了重庆历史的发展过程，成为识别步道的标志和步道景观的历史特色。

二、现代生活方式对重庆山城步道景观的影响

（一）现代生活方式的变化

1. 闲暇时间增加

闲暇时间的多少和在时间上分布的变化都会影响山城步道中的活动内容丰富度和步道的使用数量，从而产生一定的活动规律。1995 年，《国务院关于修改＜国务院关于职工工作时间的规定＞的决定》规定我国从 1995 年 5 月 1 日起实行双休制，计算下来每年大约有 102 天的休息日。每天除去工作的 8 小时，就是人们自由安排生活和休闲的时间。2007 年 12 月 16 日，国务院正式颁布修改后的《全国年节及纪念日放假办法》（后文简称新《办法》），自 2008 年 1 月 1 日起施行。新《办法》中全体公民一年中放假的节日比之前规定的（1999 年）增加了一天，自此我国的法定节假日达到了 115 天（不包括每日 8 小时工作以外的闲暇时间），并将清明、端午和中秋等中国传统节日也设为法定假日，在时间分布上，"传统化"实现了法定节假日应相对分散的科学要求，从而使得休闲的社会现象进一步突出。有不少国内的研究人员也对这方面做了相关的调研，不管是什么原因导致的人们拥有的闲暇时间的差异，但是整体有基本的变化趋势，即闲暇时间在增多。

2. 休闲意识增强

仅有大量自由支配时间并不等同于一定会出现大量的休闲活动，如 1996 年《重庆日报》报道的，重庆市民在"双休日"很少出去旅游，睡懒觉和打麻将占了较大比重，这样的休闲方式产生不了大量的休闲活动。随着居民收入生活水平的提高，重庆市居民消费结构质量在逐步改善，居民发展型消费比重越来越高，用于居民娱乐文教支出已经在增加。这证明在一定的经济基础之上，居民已经意识到休闲活动的重要性，开始大量实践这类活动。在居民诸多的休闲活动中，外出游憩也占了很大一部分比重，这部分游憩活动包含了很多休闲的需求，如体育健身、观赏休闲、消费式游憩等。随着休闲活动的开展，休闲活动的内容、形式等都在不断地拓展。

3. 交通方式转变

在山城重庆，步行是传统社会中居民重要的出行方式，步道自然成为市民步行的交通载体，其主要活动还是穿越，而在现代的城市中，汽车作为现代化的交通工具已经越来越多地走进城市的家庭，步道不再作为主要的交通载体，而这种交通方式的转变对步道的要求也发生了变化。从步行的发展历程来看，从"人车分离"到"步行者"优先，

从"交通安宁"到"街道共享"，到当今的可步行城市。可以看出，现代步行理念逐步转向对人的关怀。

4. 文化审美转变

文化审美与人们的社会物质生活是息息相关的，因此它是随着时代的发展而变化的，人们的审美感受、审美能力、审美趣味、审美理想都带有时代的特色，不同时代有不同的审美风尚。随着 20 世纪科学技术与经济的飞速发展、人类思想的高度解放，以及人们对个人自我价值的追求，传统审美范式发生了根本性的改变。当代社会审美意识由传统静观美学转向参与美学。人们往往倾向于寻找一种自我实现的愉悦，对美的思考已经不仅涵盖了传统上的视觉、触觉等层面，还提升到了精神层面，而且审美也变得日常生活化，因此步道景观不仅应该成为一种载体，将人的情感、思想以空间的形式呈现，也要容纳人的各种社会活动。

5. 老龄化的影响

老龄化的影响在于两个方面，一是由于没有工作的负担，不会受到诸如工作时间之类的限制，相对于其他群体而言拥有更多的闲暇时间，休闲需求也更为旺盛；二是从其心理讲，老年人具有独特的心理特征，如失落、孤独、疑心重等，其在选择场地时与其他人群有较大的差别。因此，在进行步道的规划设计时，除了应考虑一些便利设施和安全设施，如扶手的设置、铺装的防滑性等，还应考虑根据老人的心理特征来安排活动的场地。

（二）山城步道活动的变化

1. 活动人群的变化

步道可达性的提高、市民户外需求的增加以及老龄化的影响，改变了山城步道原有的使用人群类型。就传统山城步道而言，周边居民在其中占有主导地位。尽管观光旅游者在传统步道也有存在，但基本只存在较知名的大步道之中，且也只是小数量的人群。而在现代，大量旅游观光者出现，有时甚至成为核心使用者。例如，歌乐山步道，步道对市民的生活来说影响很大。在步道修建好之前，这条路上除了住家户，几乎难见人影，而如今高峰期一天则有上万人登山。并且，单一、不确定性的活动也使得单一活动类型的参与者增多。徒步运动者徒步山城老街，则会使老街的这类活动突增，使用人群类型的变化也是对山城步道的一大考验，可能是机遇也可能是挑战，如果自然资源和文化资源得到了游客的肯定，且能满足游客的大多休闲游憩需求，那么步道的活力将会增加；如果人们的需求得不到满足，则会加重景观的负担，出现生态环境失调、活动杂乱无序等问题，而且步道周边的市民生活质量也会因此降低。新增游览者主要有市内日常和周末观光者以及域外旅游者，这三种游客在山城步道中的活动内容是不同的。

此外，步道游客增加的同时也吸引了不少商家的进驻。尽管规划建设前的步道也有商业的存在，但基本是面向居民的小生意，通常只能满足居民的日常生活需要。而现代生活带来的多元化商业类型，对步道景观提出了新的要求，比如商店特色标识小品的摆放场所、室外餐饮的位置等。

2. 活动内容的变化

对山城步道而言，新的活动类型的加入，就会产生新的空间功能需求和审美等心理需求，在这种需求的作用下，步道原有的景观必然发生变化和重构，将步道中游人的活动按活动的特点可分为休闲活动、健身活动、游憩活动、商业活动及穿越活动五大类。对各类活动在山城步道中出现频次由高至低排列为很多、较多、常见、较少和很少五个等级。对场地设施、场地规模和场地景色的需求程度按高低排列为高、一般、低三个等级。

3. 活动时间分布的变化

（1）晨间与夜间休闲活动增加

传统步道中居民的步道行为活动时间具有规律性，重庆典型的"生活外露化"的行为方式，如洗衣、晾晒、洗菜、做饭、种植植物、织补等日常的大量家务活动主要集中在早上，而白天的大部分时间是运送货物等。有的相对比较随机，大多受天气影响，如天气晴朗时到步道中喝茶、打牌、搓麻将，或是散步、遛狗等。这些都是居民习以为常的、与步道相关的活动，其中有些活动如穿越、购物等几乎每天都会发生。

随着生活方式的变迁，山城步道中的主要活动时间发生了变化，主要是因为人群老年化的影响，相对于传统的步道来说，其活动的时间从清晨、上午、下午到晚上，甚至是傍晚都有分布，而且步道中行为活动时间的不确定性也随之增加。现代社会的激烈竞争，使得很多人只能在傍晚和夜间进行休闲娱乐，放松上班时紧绷的神经，特别是临近居住区的步道空间，一些结束了一天繁忙工作和学习的人们喜欢到就近的地方散步和游玩。另外，由于重庆的地形原因，夏天尤其闷热，而且现在的遮阴植物也越来越少。因此，人们喜欢早晨或者晚上外出活动，从而使得夜间的步道使用人群十分可观。例如，一些中老年人的娱乐健身活动。值得一提的是，近年来在山城重庆兴起了都市徒步夜行运动，每当夜幕降临之时，重庆市民经常可以看到这么一群人——他们身着运动装、手拿水壶，按照约定集结在一起，共同步行 10 公里左右，然后各自回家。

为了满足夜间的休闲活动需求，则要考虑照明设施的设置，不仅能起到保护人们安全的作用，还能创造富有吸引力的夜间景观，感受不一样的步道景观。如果夜间活动的需求满足了，还可以组织夜间的公共活动。

（2）使用者停留时间延长

人们在步道内的停留时间有所增长。前文提到，在传统的步道，其活动以非休憩类活动为主，而现在很多游人在步道内休闲，观赏活动等休憩类活动增加，而这些活动平均停留时间为 2~4 小时，导致停留时间增加。

4.活动动机的变化

步道中活动者行为动机的变化主要表现为从日常生活、交通目的向观赏、休闲、人文、健身和社交目的的转变。以前步道的使用者以周边居民为主，多数情况下人们只是为了满足基本生活的需求而与步道发生互动，如穿越、处理家务等。如今的步道使用者迅速增加，使用者类型也在发生变化，人们的出行方式、行为以及出游时间、频率变化，使得活动者的动机呈现出多元化的特点。

现今很多人热衷于身体锻炼，尤其在天气宜人时，登山步道中随处可见登山锻炼者，在早晨，在滨江路可见晨跑者。在现在的公园步道中，进入步道持健身锻炼这一动机的人数甚至高于观赏休闲的人数。活动者观赏的对象也发生了很大的变化，以前以观赏自然风景为主，而今很多人更喜欢从事观赏群体性的活动，如跳舞健身、棋牌、闲谈等。而且步行穿越活动的动机也有所改变，以前他们进入步道就是为了穿越从而到达目的地，而现在，就有一些人将步道看作个人日常生活路线的一部分，尽管有时从山城步道上行走的步行距离会增加，但由于步道中优美的风景能消除步行的枯燥无味，所以很多人还是乐于作出上述选择。

（三）活动变化影响下山城步道景观发生的变化

1.由单线步道向体系化步道的改变

根据前文分析可知，传统步道的活动类型和活动动机较为单纯，其对体系化的需求少，而现在，步道中的活动发生了很大的变化，不同活动对景观的需求也不同，如健身活动、休闲活动、观光活动等。人们能通过步道顺利达到其他的公共空间，这就需要步道空间拥有较为完善的路网结构来满足人们多层次的需求。体系化步道是一个区域的整体思考，以此来确保步道空间的多样化，给步行者提供更多的路径和活动内容的选择，满足不同目的活动的需求，增加人们活动的灵活度，使人们的观光、休闲、娱乐等密切渗透和衔接，创造出宜人的步行空间，激发和促进人们进行健康、积极的步行活动，恢复人在城市中的地位，增添人们生活的乐趣。

2. 对彰显地域特色提出更高要求

前文讲到，活动类型中游憩活动出现频率从传统的很少到现在的很多，这就意味着对步道中景观的需求趋向更高的层面发展，如空间中的文化、审美、个体情感及个性化。因此，山城步道不仅需要从视觉和心理上取悦步行者，让人获得美的享受，同时需要不断将精神审美融入空间景观的建设中，而现代人对传统文化仍然情有独钟，试图在参与全球文明的进程中，回归传统。因此步行景观应该满足现代人对地域文化审美的需求。而在对一些传统步道进行景观打造的过程中，忽视了步道本身的历史底蕴和人文条件，出现了一系列破坏景观特色的问题，诸如用平整单调的水泥路面代替具有岁月痕迹的青石板路，各种类似景点相互抄袭、大同小异，步道景观所具有的原汁原味逐渐消失殆尽，这种磨灭了地域特色的做法，可谓适得其反，本末倒置。由此可见，找准自身发展的定位，挖掘步道所独有的景观特色，才是步道可持续发展的有效之道。

3. 由简单功能向多样化功能的改变

传统的社会中，市民为维持生计，娱乐活动主要体现在民间节目和宗教节庆的各种群体形式中，难以与家庭以外的空间发生联系。在现在这种休闲时代的大背景下，步道中的活动变得丰富，除传统的穿越活动和商业活动外，增加了休闲娱乐、观赏游憩等活动，而这种丰富多样的活动则对步道的功能提出了新的需求，因而，传统的简单功能不能满足现代活动的需求，这就要求山城的功能必须有一定的拓展性，不能仅局限于一个狭小的视域内。其功能和内容的延展具体表现为功能多元化，空间形式的多样化。

4. 对景观个性化的要求

山城步道中使用者受各自年龄阶段、价值取向、生活经历、兴趣爱好、教育背景等多方面因素的影响，其追求是各不相同极具个性的。而且现代活动的动机也越来越明确，这就要求步道具有鲜明的个性，其活动的安排要与同处于该时段的其他活动产品相区别。

5. 由简陋向多功能公共设施的改变

由于现代生活方式的变化，步道内活动者的活动发生了变化，游人在步道内的平均停留时间相对增加，设施的使用频率也大大提高，这些变化都对山城步道的配套设施提出了新的要求，需要更多的设施支撑其在内的各项活动，如活动时间中夜晚活动的增加，则需要考虑照明设施的设置。健身活动的明显增加，则需要考虑健身器械的设置。而且对设施的多功能提出要求，如休息设施设计也应该更多样化，除了充分考虑样式、材料、间隔，同时应和场地环境较好地结合。总体来说，对公共设施而言，过去简陋的休息设施已经无法满足现代的需求，所以，现代山城步道的公共设施应该由休息设施、健身设施、景观构筑小品、照明设施、信息设施等多功能设施系统组成。

三、基于现代生活方式的重庆山城步道景观设计策略

（一）完善山城步道整体设计对策

1.加强联系，形成完整系统

重庆在漫长的发展过程中已经形成了自身的城市步道系统，具备了网络化基础，但是由于规划理念没有从一定高度上完善，导致许多步道缺乏联系，所以我们可以从公共交通网络化和山城步道网络化两个方面来加强步道之间的联系，形成完整的系统。

（1）公共交通网络化

在社会高速运转的今天，人们的行事风格也都讲究高效益，目的性很强，而且人的体力是有限的，不可能进行长时间和长距离的步行，而人们又经常在不同步道之间进行游玩，因此，山城步道的设计要考虑不同步道之间快速通达的途径。山城步道应充分利用城市的其他系统来完善自身系统的不足。而公共交通的网络化能弥补这方面的不足，公共交通的网络化与山城步道网络化的联系，主要是通过加强山城步道与公交和轨道站点之间的联系，满足人们长距离、高强度的步行出行需求，能让人们的步行出行变得更加便捷。人们有了足够的体力和好心情，山城步道的交通、休闲、观景等功能才能得到充分的体现。

（2）山城步道网络化

山城步道网络化是指山城步道在城市中形成相互联系的网状空间结构，能使山城步道深入城市，形成四通八达的步道体系，有利于人们在较近的范围内接触山城步道。山城步道网络化可通过以下三个层面来实现。

一是从城市的层面，增加各个组团之间的联系，除了通过公共交通网络化来实现，还可以巧妙地利用两江环抱群山拱卫的独特地理优势，通过景观视线通廊和城市观景平台的设置来加强视觉上的联系，让人在步行系统中融入整个山水特色。

二是从组团的层面，通过增加内部步道密度来实现，在2003年以后规划的步道中，由于步道缺乏东西向的联系，因此在主要的步道联系上，可以考虑利用机动车旁绿化面积大、文化特色鲜明的一些步道来加强联系，如中山一路和中山四路等步道。而次要的步道联系可以是零散的一些步道，例如第一步道和第二步道之间可以通过东西向的燕子

岩步道来联系，第二步道和第三步道之间可以通过枣子岚垭步道来联系，等等。这使得步道的密度增加。"山城步道"设计在完善自身的同时，提议规划一座沿整个半岛的滨江步道，全方位与两江连接的步道均匀布置，使人能充分享受步行空间，增加整个山城步道网络的通达性。

三是通过增强单条步道路径通达度来实现。山城步道与城市车行道有机联系，现在的山城步道很多是由于城市车行道的切割而阻碍了其通达性，人们穿越城市车行道的方式有平行穿越和立体穿越两种。平行穿越中的二次过街对步道景观的影响最大，立体穿越主要是借助天桥和下穿通道。立体穿越没有影响城市车行道的正常运行，也达到了很好的人车分流效果。人行天桥是重庆最常见的穿越方式，下穿通道会产生比较隐蔽的出入口。而具体的方式则要结合车道的用地性质与场地的用地性质，如果为商业办公，人流量大的区域且道路的性质为快速路，则考虑立体穿越；如建兴坡山城步道，则利用立体穿越的方式与菜园坝汽车站广场相接。张家花园中，与中山一路也是采用天桥的方式相联系，而在另一个入口，由于道路为支路，则采用的是平面相接方式。

2. 合理布局，改善生态环境

（1）维护三维地形形态，因地制宜布局步道

良好的步道布局应充分利用自然地形，与地形的高低变化相适应，与周围自然环境相协调。布局步道时最好沿等高线布局和尽量避开敏感的自然景观进行。沿等高线布局不仅能减少土石方工程量和工程费用，还可突出山地城市特有的景观形象。避开生态敏感的自然景观可以使景观设计达到事半功倍的效果。生态敏感区域其生态环境极为脆弱，利用难度也很高，但是如果因地形地貌以及游人活动的需求，必须布置步道，则应采取缩小活动步道尺度、分散活动场地、架空活动场地等方法来尽量减少步道对区域的影响。而且步道布局应该避开急陡坡区域，选择平地、缓坡等区域。

（2）保护性利用原有植被，构建景观多样性

山地步道原有植被经过长期的自然演替过程存活下来，已经适应该地的生境，植被的抗性、稳定性都较强，这些植被在保持水土、涵养水源、净化水质、维持物种多样性、生态稳定性等方面发挥了重要作用。尤其是位于生态敏感位置的天然植被一旦被破坏，短期内很难恢复到之前的植物群落状态。在大力保护与利用原有自然群落的同时，应针对不同生境条件下的植被进行合理的利用，以使植物的生态效益与功能发挥到最大。

（二）突出山城步道特色的设计对策

山城步道是在城市发展的影响下日趋成长并逐步变化的，具有地域文化特色的人文

景观，又通过串联其传统街区或者历史遗迹，使得整个步道的历史文化内涵更加丰富。因此，在设计时应注意对各种显性或隐性的文化资源进行挖掘，并结合现代生活方式的需求，通过恰当元素符号表达出来，实现历史文化的延续。

1. 结合步道中的自然资源，体现山地特色

由于人类活动的影响，自然环境已经不是纯粹的自然景观，而演变为城市文化景观的一部分，对山地自然环境保护不仅是自然、环境、生态方面的需要，还有文化、景观、美学方面的意义。因此，结合好步道中的自然资源是山城步道体现山地的特色重要途径。从设计层面来说，自然资源可以分为整体的自然资源与局部的自然资源。

（1）尊重地形地貌

重庆的整体地理条件引导着山城步道景观的形成和发展，而在自然资源的利用中，地形地貌对步道的影响最大。正如西蒙兹所说，"学会阅读景观，在每一种形式和特性中觉察大自然创造过程的独特表现；根据土地的自然属性决定其利用形式，通过规划、利用和管理，让每一处景观发挥它的特性和魅力。"如石板坡山城步道的设计对地形地貌没有做过多的干扰，使得整体呈现出的山地特色十分鲜明。

（2）充分利用步道中的自然元素

城市经过长期开发和建设，本身原有的自然元素就相对稀缺，尤其是在城市中心区，因此在步道环境优化时要谨慎对待步道环境中的自然元素，对于已经具有一定历史价值和观赏价值的自然元素，我们应在保留的前提下进行造景，以更好地发挥它们的景观价值，这些自然元素可以是生长上百年的大树，可以是古老的城墙，可以是根系交错的自然堡垒，可以是简单的一洼池水，还可以是长势极佳的植物群落。这些极具山地城市特色的自然元素在设计措施上可采用借景或对景等方式对其进行利用和视觉强化，突出景观效果，再现山城特色，同时丰富了步道空间层次。

2. 充分挖掘文化资源，表达地域特色

步道空间不是独立存在的，而要依赖历史、文化、周围建筑物或景观，以及人们使用它的方式。一方面是自成一格的实体，另一方面要适应周围景观，需要一种精神和意义，让使用者可以从中获取信息、感知意象，并将景观符号语言印象深刻地转化成自己的东西。

（1）挖掘文化资源

在挖掘文化资源时，除充分重视显性的历史遗址以及遗址上所表现出的信息资源外，还应该深入挖掘隐性因子。营造真正与人类社会唇齿相依的生活氛围才是隐形于地域文

化中的深层内涵，深入挖掘地域文化的隐性因子的关键就在于挖掘根植于城市生活中的居民群体行为方式，通过对它们的解读，将富于民俗味、人情味的文化氛围在城市步道中予以再现。

（2）地域文化的表达

首先确定文化景观的主题。有文化意义的主题使人们对主题所代表的意义产生思考，通过自己的联想和想象，明白景观元素所表达的含义，因此与场地的氛围产生共鸣。主题是整个设计的方向，是整个设计文化表达的重点。

其次通过恰当的元素符号表达出来。可以将历史人物、历史事件、生活场景等以景观小品、构筑物、铺地、标志标牌等元素载体的形式进行室外展示，将历史文化元素渗透到步道的每个角落。现如今，雕塑设计已走进人们的生活，具有人情味的雕塑，勾起人们对往事的回忆，表达地域特性。

3. 加强步道与周边景观的关联性

加强步道与周边景观的关联性，可以扩展山城步道景观的内容。本书依照距离的远近将周边景观分为邻近景观和远眺景观，下面就加强步道与周边景观的关联性的设计手法进行具体分析。

（1）山城步道与邻近景观的联系

首先，应明确周边景观与步行空间的相对位置关系。整治景观的环境，增加视线通廊，提高其视线的可达性，在行进过程中，能被人们轻易发现或能吸引人们注意的景点显然更有利于城市文化的展示。

其次，在邻近景观与山城步道的路径交会处设置节点，在放大节点处设置标明景观所处位置和景观内容的景观标识，使人们对周边景观有更直观的了解。这样的节点不仅利用人流之间的转换，还可加强步道与景点之间的联系。

最后，对视线不可达的区域，离主要步行道比较远，又具有较高价值的历史遗存，要设计一条通往景点的路径，在路径中可以设置过渡景点来有效引导人群。

（2）山城步道与远眺景观的联系

远景就是在道路上可以看到的距离较远的景观，一般构成远景的要素其范围和尺度都较大，一般以山丘、水体景观和城市整体景观为主。在重庆，借助远景来提升步道景观品质的机会很多。但是如何高效地利用这些远景要素，是设计时最应考虑的，如果利用不当，则会产生视觉上的疲劳。

　　首先，应对远景景色的价值和现状可视点的选择进行一个评估，在可观看、感受到优美风景的地方布置观景平台，将远处的景色一览无余。其次，在布局时，把观景平台作为步道中重要的景观节点来营造，为了突出观景平台的重要性，可将观景节点作为步道景观序列的高潮部分。最后，还要考虑必要的公共设施设置，休息设施的设置能使平台在满足人们眺望观景需求的同时，还能满足人们逗留休憩的需求，设置对所观景色进行介绍的设施，便于直观地将眼前的景观信息反映出来。

第五章 绿道规划设计细化实践

绿道是现代城市人类娱乐休闲的重要通道，它可以改善人们的日常生活，提高人们的身体素养和身心健康，是当今城市不可或缺的要素，已成为景观规划的重点项目之一。绿道的设计要求高于一般景观设计，偏重在整个区域中进行系统规划。规划建设效果良好的绿道，会成为区域景观地标，成为区域发展、人类生活、生物栖息的重要载体。

第一节 绿道规划设计内容与方法

绿道规划一般包含资料收集、数据分析（GIS）、现场踏勘、方案制订、公众参与等相关步骤。美国洛林·LaB.施瓦茨等编著的《绿道——规划·设计·开发》一书中将绿道规划设计程序基本概括为选定绿道—调查分析—制定概念规划—制定最终总体规划。这四个步骤虽然是立足于美国的实际情况而制定的，但它基本包括了绿道规划设计的主要流程，为我们进行绿道规划设计提供了一个基本框架。

依据我国实际情况，区域的绿道网规划设计的技术路线应包括现状调研及分析、规划级别定位、规划方案等内容。

一、现状调研内容

现状调研是绿道规划的基础。现状调研可采取现场踏勘、资料收集、座谈、问卷调查等形式，重点对规划编制范围内的绿道建设的资源本底和需求情况进行调查。调查的主要内容应包括生态本底、景观资源、交通设施、土地利用与权属、经济社会、规划要求等。

二、现状分析与评价

现状分析与评价是指基于现状调研数据，对场地进行合理综合评价分析，了解场地景观结构及适宜性，为规划布局提供基础资料。具体评价分析方法包括景观结构指数评价方法、网络分析方法、GIS 可达性评价方法三种。

1. 景观结构指数评价方法

景观生态学研究中提出了景观格局分析方法。景观格局分析方法主要是利用各种定量的指数评价景观空间格局的适用性，通常被称为"景观结构指数评价方法"。

景观结构指数评价方法既可应用于评价生态网络，也可应用于对绿道的评价。绿道由节点和路径构成，需采用斑块类型水平指数和景观水平指数进行评价。在绿道构建的过程中应通过指标计算，对各个绿道进行反复比较，从而确立指数最优化的景观生态格局。绿道的景观结构评价方法主要是对其景观生态效应进行评价，有利于制订生态功能优越的绿道方案。

2. 网络分析方法

网络可分为分支网络和环形网络两种形式（图 5-1）。其中，网络（a）是分支网络中最基本的形式，分别将各个节点首尾相连，但最终并未形成环形；网络（b）是分支网络中的中心体系形式，由一个中心节点向四周的节点放射，每一个节点与其他节点的连接均需通过中心节点；网络（c）是建造费用最小的网络，每一个节点都连接在一个连接路径上，节点之间的联系均会通过中心路径部分；网络（d）是最基本的环形网络，所有节点通过首尾相连形成一个环形；网络（e）是最小使用费用的网络模式，每一个节点都与其他节点有直接的联系通道；网络（f）力求在网络（d）和网络（e）之间找到平衡点。

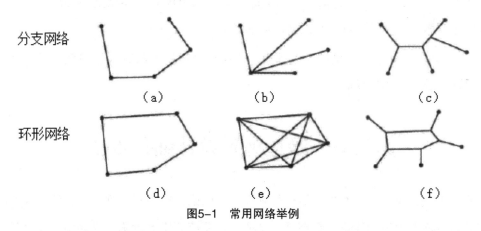

分支网络　（a）　（b）　（c）

环形网络　（d）　（e）　（f）

图5-1　常用网络举例

网络结构的评价通常可以用四个指标进行分析。网络分析方法是对网络节点和连接路径的综合分析，有效的网络结构可以为物种的迁徙提供良好的通道，可以改善景观斑块的破碎化现象，从而有效地保护物种的多样性。利用网络分析方法对绿道进行分析评价可以完善绿道在保护生物多样性方面的作用。

3.GIS 可达性评价方法

GIS 可达性评价方法是指利用 GIS 分析工具，针对城市公园绿地系统在城市中布局不均匀的问题，全面准确地分析公园绿地的服务范围。俞孔坚教授在 1999 年中山市绿地系统规划中提出，将景观可达性纳入城市公园绿地系统的功能指标体系，因为城市公园绿地与居民点之间的距离会影响公园绿地的真实价值。在研究中，俞孔坚教授提出了景观可达性评价模型，认为可达性是指从源地克服各种阻力到达目的地的相对难易程度，比较指标有距离、时间、费用等，可以通过建立阻力的空间分布矩阵和源（绿地）的空间分布矩阵，从而求出可达性的空间分布。

GIS 可达性评价方法主要是从人类使用公园绿地的角度考虑的，研究绿道的游憩功能也是为了改善公园绿地不能很好地为市民服务的问题，所以在规划绿道时，有必要利用 GIS 可达性评价方法对绿道进行深入评选，从而确立一个能为市民提供良好服务的绿道。

三、规划级别定位

根据空间跨度与连接功能区域的不同，绿道分为区域级绿道、市（县）级绿道和社区级绿道三个等级，绿道规划应与各级城乡规划相衔接。

（1）区域级绿道：连接两个及以上城市，串联区域重要自然、人文及休闲资源，对区域生态环境保护、文化资源保护利用、风景旅游网络构建具有重要影响的绿道。

（2）市（县）级绿道：在市（县）级行政区划范围内，连接重要功能组团、串联各类绿色开敞空间和重要自然与人文节点的绿道。

（3）社区级绿道：城镇社区范围内，连接城乡居民点与其周边绿色开敞空间，方便社区居民就近使用的绿道。

第二节　绿道规划设计细化步骤

在规划级别定位后，要进行绿道规划设计，明确从宏观到微观、从整体到局部的设计策略，依次对绿道的线路、控制区、交通衔接系统、服务设施、交界面、安全设施等进行设计，形成绿道生态网络。

一、线路选择

在进行绿道线路的选择时，首先应确定绿道的类型，不同的分类有不同的选线依据见表 5-1。

绿道分类	依托资源	绿道选线
城镇型	道路：现有非机动车道路、废弃铁路、古道等	依托路侧绿带，绿道游径宜从路侧绿带中穿过，完善休闲等功能
	水系：城镇河流、湖泊、湿地、海岸、堤坝等	绿道串联滨水绿地，促进城镇滨水区环境改善与功能开发，充分利用现状堤坝、桥梁等，在保证排涝除险、防洪及安全的前提下营造亲水空间
	绿地：公园绿地、广场，适宜游人进入的防护绿地，以及城镇用地包围的其他绿地等	优先连接公园绿地、广场等城市开放空间，合理疏导人流，满足交通安全、集散及衔接需求
郊野型	道路：废弃铁路、景区游道、机耕道、田间小径等以游憩和耕作功能为主的交通线路	绿道选线应不影响道路原有功能的发挥，避免占用农田或破坏庄稼、果树等
	水系：自然河流、湖泊、水库、湿地、海岸、堤坝等	绿道选线顺应水系走向，在满足排涝除险、防洪及安全要求的前提下营造亲水空间
	林地：山地、平原等	绿道选线顺应地形地貌，充分利用现有登山径、远足径、森林防火道等，减少新建绿道对生态系统及自然景观的破坏

在确定绿道类型之后，要进行土地适宜性分析（侧重绿道的供给）和绿道使用需求分析（侧重绿道使用者的需求）。具体来说，所谓土地适宜性分析，即利用 GIS 等现代分析技术对规划区域的生态本底、景观资源、基础设施等情况进行分析，重点是明确哪些区域适宜建设绿道（如河流、生态廊道等），从而明确绿道的潜在位置。而绿道使用需求分析，则侧重于从土地利用、社会经济条件、旅游休闲需求等方面，对居民的绿道使用需求进行分析与评估。

在进行以上分析的基础上，还应该与绿地系统规划、土地利用总体规划、城乡规划、道路交通规划充分衔接，并进行现场踏勘，明确绿道建设的可能性，并在充分征求绿道通过的土地所有者、绿道使用者和绿道管理者的意见后，最终确定规划区域内绿道网络的总体布局。

例如，在广州绿道规划中，选线模型包括基础选线模型和选线修正模型。基础选线模型在生态优先、突出特色原则的指导下，以生态本底、景观资源和基础设施条件作为选线普遍的和全局的影响因素，通过空间叠加法、多因子评价法及德尔菲专家评分法，对选线的空间适宜度进行定量为主的分析评价，通过对基于单一主导因素形成的空间假设的叠加，形成体现共性与差异的复合"图底关系"，得出适合绿道选线的空间适宜度评价分级。修正模型是在空间适宜度评价的基础上，从城市空间发展战略、绿道需求等方面采取定性修正，综合确定广州绿道布局网络。

二、控制区的划定

绿道控制区主要是为保障绿道的基本生态功能、维护各项设施与环境的和谐运转，由有关管理部门划定、受到政策管制的线性空间范围。在绿道控制区范围内仅允许与绿道建设相关的建设行为，严格禁止其他各项建设行为。绿道控制区内主要包括绿廊系统、慢行系统、交通衔接系统、服务设施系统、标识系统以及其他划入控制区的户外空间资源。

绿道控制区的划定应注意不同类型的绿道间的差异化，同时既能满足隔离人类活动对自然生态环境和动植物繁衍、生存干扰的要求，又能满足人的休闲与游憩空间需求和动植物繁衍、生存和迁徙的要求。

绿道控制区的划定应注意以下三个方面。

（1）保障基本生态功能。绿道控制区作为具有生物栖息地、生物迁徙通道、防护隔离等功能的生态廊道，要发挥绿道控制区的作用，保障绿道的基本生态功能。具体划定时应按照绿道生态控制要求，结合当地地形地貌、水系、植被、野生动物资源等自然资源特征进行。从生态角度来讲，当缺少详细的生物调查和分析时，绿道设计可参考以下一般的生态标准：最小的线性廊道宽度为9m、最小的带状廊道宽度为6m。

（2）具备廊道连通性。绿道控制区的划定不仅应具备一定的宽度，还应是一个连续的、完整的空间。绿道基本廊道的连通性要求，一方面可以连通绿道周边各类自然、人文景观及公共配套设施，构筑连续而完整的空间环境，满足人们的休闲游憩需求；另一方面可以保证以绿道为载体的生态廊道的连续贯通，保障生物繁衍生存、迁徙的要求。

（3）落实相关规划要求。绿道规划作为专项规划，其控制区划定应落实上层次及相关规划要求，并与绿地系统规划、蓝线、绿线、紫线等规划相互衔接。同时，绿道控制区划定应与法定规划建立衔接关系，其中绿道控制区的划定要求与标准应落实在总体规划相关内容中，绿道控制区边界等应落实在控制性详细规划中。

三、交通衔接系统规划

绿道交通衔接系统规划主要包括绿道与常规交通方式的接驳以及绿道线路与机动车交通共线和交叉两方面内容。规划时应满足以下要求。

（1）建立与常规交通良好的衔接关系，提高绿道可达性

评价绿道网络合理性的重要依据之一是方便可达性。只有与常规交通建立良好的衔接关系，才能提高绿道的可达性，方便使用者使用。绿道网络与常规交通系统的接驳方式主要有以下两种。

1）通过在火车站、客运站、轨道交通换乘站点、公交站点、出租车停靠点、停车场等设置自行车租赁设施、指引牌，并建设站点与绿道之间的绿道联系线的方式，实现绿道与常规交通的接驳；

2）通过建立主要交通站点（如飞机场、火车站、客运站、轨道交通换乘站点、公交枢纽站等）与绿道出入口或驿站之间的专线运营巴士的方式解决绿道与常规交通的接驳，方便使用者到达绿道。

（2）合理处理共线和交叉问题，体现连续安全性

绿道作为联系区域主要休闲资源的线性空间，在局部地区与省道、县道和主要城市干道共线或交叉时，具体处理方式如下。

1）绿道与国道、省道、主要城市干道共线时，要做好绿道与机动车交通的隔离措施，共线长度不宜过长，同时对机动车交通应进行交通管制，保障绿道安全使用。

2）绿道与省道、县道、城市干道交叉的处理方式包括平交式、下穿式和上跨式三种，可以利用交通灯管制和绿道专用横道横穿道路、利用现有涵洞下穿道路以及利用或新建人行天桥上跨道路等衔接方式。

3）绿道与高速公路、铁路交叉的处理方式包括下穿式和上跨式两种，可以借道现有桥梁上跨轨道或者利用现有涵洞下穿轨道，在涵洞周边设置安全护栏和警示标志牌。

4）绿道与河流水系交叉的处理方式包括上跨和横渡两种，可以利用现有桥梁和新建栈道通过河流水面或者结合渡口以轮渡的方式通过河流水面。

5）在绿道使用者较多的地区，要合理设计绿道断面，尽量采用分离式综合慢行道断面形式，分离绿道中自行车交通和人行交通，保障行人安全。

四、服务设施规划

绿道服务设施系统包括管理设施、商业服务设施、游憩设施、科普教育设施、安全保障设施和环境卫生设施。其布局应在尽量利用现有设施的基础上，协调生态保护和需求之间的关系，按照"大集中、小分散"的原则进行，主要的服务设施应集中采用驿站

方式布局。驿站是绿道使用者途中休憩、交通换乘的场所，是绿道配套设施的集中设置区。驿站的规划建设应注意以下四点。

（1）分级设置，合理布局

对不同服务范围、服务内容的驿站，按照不同级别设置布局标准和建设标准，明确每个等级驿站的建设内容，保证绿道的正常使用。同时与相关规划衔接，合理布局各级驿站。目前绿道驿站一般分为三级。

（2）依托现状，复合利用

驿站建设应尽量利用现有设施，如城区内驿站主要依托绿道沿线公园、广场服务设施进行建设；城区外驿站主要依托风景名胜区、森林公园等发展节点或绿道沿线城镇及较大型村庄的服务设施进行建设。绿道周边地区可结合驿站，建设科普教育、文化传播等活动设施，提高驿站的复合功能，将驿站从单纯的功能性服务设施转变为功能多样的活动节点，体现绿道的多重功能，从而带动绿道周边地区的发展。

（3）以人为本，保障功能

驿站建设应以人为本，体现人文关怀。绿道功能设置应满足最基本的管理、餐饮服务和医疗服务功能，方便绿道使用者使用；主要地区驿站建设要考虑残疾人使用要求，设置无障碍设施；驿站周边应设置儿童活动场地，为儿童和青少年提供活动场所。

（4）因地制宜，突出特色

驿站建设应通过设施功能设置建筑形式和景观环境塑造，突出地方自然山水、历史文化特色，防止"干道一面"现象产生。同时还可以通过棕地改造、废弃设施改造等方式，创造富有创意、生态环保的驿站空间，体现绿道绿色、生态、环保的理念。如深圳市将废弃集装箱改造成绿道驿站，赢得了很好的社会反响。

五、交界面的控制

交界面是指市域绿道跨区市的衔接面，交界面控制的主要任务是通过统筹规划，协调各市绿道的走向和建设标准，将各市孤立的绿道通过灵活的接驳方式有机贯通起来，形成一体化的区域绿道网络体系。

交界面主要有三种类型：河流水系型、山林型和道路型。河流水系型交界面可以通过现有桥梁改造、新建桥梁和水上交通换乘进行衔接；山林型交界面可以通过现有山路改造或新开辟道路进行衔接；道路型交界面可以通过改造现有道路或利用收费站、检查站等人行道或非机动车通道进行衔接。

交界面设计的具体控制要求如下。

（1）交界处 500m 范围，绿道设施由双方相关部门通过协调会等方式统一风格后建设，如统一宽度、铺装、标识及绿化等。

（2）交界处 1km 范围，绿道设施由双方相关部门通过协调会等方式共同管理维护，包括路面改造、生态环境建设等。

六、安全设施建设

各级政府和有关部门在建设绿道的同时要提高思想认识，将保障群众安全放在首位，明确责任和目标，高度重视并切实做好绿道安全建设和管理工作，其中警示标识和安全防护设施的设置是景观中重点关注和建设的内容。

（1）设置警示标识

在急弯、陡峻山坡、河边、湖边、海边、绿道连接线、绿道与其他道路交叉路段、滑坡和泥石流等地质灾害易发地、治安和刑事案件多发地等存在潜在危险的路段，均应按照绿道标识系统设计的要求，统一设置相应的警示标识，明示可能存在的安全隐患。在绿道连接线所在路段的起止端，以及当绿道与城市道路或公路平面交叉路段无信号灯控制时，应在城市道路或公路上提前设置限速标志。

（2）设置安全防护设施

绿道经过山坡、河边、湖边、海边等路段时，在转弯处应设置护栏。

绿道连接线沿线与机动车道之间应设置绿化隔离带、隔离墩、护栏等隔离设施。

绿道与城市道路或公路平面交叉时，在城市道路或公路上应遵循相关规定设置交通信号灯，或设置减速丘限制机动车车速。在绿道两端应设置隔离桩，引导自行车推行通过交叉路段。

在滑坡和泥石流等地质灾害易发地段应采取设置截水沟、进行植被防护、加固护坡等安全防护措施，预防地质灾害。

在远离城镇与人口密集地区的生态型绿道以及治安和刑事案件多发路段，应设置电子眼、安全报警电话等设施，保证移动电话信号全覆盖，并加大治安巡逻力度。

1）绿道是以自然要素为依托和构成基础，串联城乡游憩、休闲等绿色开敞空间，以游憩、健身为主，兼具市民绿色出行和生物迁徙等功能的廊道。依据构建机制与功能的不同，可以将绿道分为生态型、遗产型和游憩型三大类。

2）绿道由五大系统组成，分别是绿廊系统、慢行系统、交通衔接系统、服务设施系统、标识系统。五大系统下又包含绿化保护带、车行道、人行道等 16 个基本要素。

3）绿道的功能包括生态功能、休闲游憩功能、经济发展功能、社会文化和美学功能。

4）绿道规划设计应当遵循系统性原则、人性化原则、生态性原则、协调性原则、特色性原则及经济性原则。

5）绿道网规划设计的技术路线应包括现状调研及分析、规划级别定位、规划方案等内容。

第六章　城市滨水绿道生态景观设计实践

第一节　生态驳岸设计

水体驳岸对城市的生活及生产活动具有显著的作用和影响，在景观生态学中，驳岸属于生态交错带，受自然生态系统中边缘效应影响尤为显著，也是生态系统变化及受干扰程度较为频繁的地方之一，对维护环境中生物的多样性有着重要的意义。生态驳岸是指恢复后的自然河岸或具有"可渗透性"的人工驳岸，它可以充分保证河岸与河流水体之间的水分交换和调节，除具有护堤、防洪的基本功能外，可通过人为措施，重建或修复水陆生态结构，生物丰富，景观较自然，形成自然岸线的景观和生态功能。

一、滨水区的问题

目前，我国城市滨水区面临的主要问题有以下三个。

1. 滨水区域景观混乱

城市滨水区域的开发大多数属于城市空间中未被利用的荒地或是开发滞后的城市土地，随着滨水空间在城市中的价值提升，许多滨水区域出现了城市土地经营落后于市场开发需要，造成了地块之间的景观不协调，如新建开发项目与旧的居民区或者工业厂区相邻的布局，严重影响了滨水驳岸景观的整体品质。

2. 人工驳岸硬质化

过去很多城市水体驳岸的处理侧重于防洪与抗冲刷，缺乏对生态人文景观等方面的考虑。硬质驳岸阻碍了水体之间的物质交换，减少了水体生物多样性，降低了水体自净能力，使湖内水质较差；硬质驳岸水生植物不能很好地生长，植物景观变差，水流加速，导致河床大量泥沙沉积；硬质驳岸使水面与人之间没有阻隔，驳岸形式单一，驳岸线形式僵硬，游览极易产生视觉疲劳，且不利于水鸟的栖息。

3. 公共游憩空间缺乏

随着城市的发展、房地产业的迅速扩张，部分滨水区以其优越的地理位置与较高的价值空间，使得许多开发商对其进行高密度开发。滨水地区商业开发用地增多，居民公共活动空间日益减少，高楼林立，对滨水景观视线及城市远景等产生了负面影响。

二、生态驳岸的功能

驳岸是滨水步道中重要的组成部分，既要满足防洪要求，又要满足生态要求。生态驳岸主要是运用工程技术使人工参与对河流生态进行恢复，或将破坏降到最低，既具有防洪的功能又能发挥河流的生态特性，可以创造出丰富的景观空间，维持生态系统的平衡，通过河岸形式的组合可以丰富绿道岸线。生态驳岸的设计可以避免滨水绿道空间的狭长与呆板，如果水体和岸边的高差较大，可以采取缓坡式阶梯驳岸，高度通过台阶进行分段处理，从而缓解高差，从水体自然过渡到绿道。还可以采取生态护坡的方法，河岸缓坡形成以后通过植物扎根到土壤里加固堤岸，既可以形成驳岸景观，又可以起到维持生态平衡的作用，考虑水体的最高水位、最低水位和防洪要求，在不同的时期保证有安全的观赏空间。驳岸设施尽量选择对水体无污染的柔性材料设施。在驳岸岸线的设计上尽量保留原有的自然河道形态，配合绿道空间提高滨水河道的整体景观品质。生态驳岸具有以下四方面功能。

1. 景观功能

景观驳岸的硬质材料与软质材料带来的视觉和美学效果差异较大，二者形成粗犷与柔和的对比，在不同地方和不同环境中发挥各自不同的景观视觉作用。设计时尽量使用乡土材料，因地制宜。缓坡式、台阶式、直壁式三种驳岸类型的景观效果及功能也各不相同，应合理地进行选择设计。

2. 文化功能

根据城市中的历史事件、民间传说、名人事迹等历史文化内涵选择适当的表现形式，合理进行滨水驳岸的景观设计，营造富有地方特色的历史文化气氛，烘托个性的人文景观，传承历史信息，维护历史遗迹。

3. 亲水功能

亲水空间是滨水区最重要的环境特征，生态驳岸是构建亲水性的重要设施，利用滨水步道、码头、台阶、平台等设施与水体进行充分接触，强化驳岸的亲水性，促进人与水的和谐发展。

4. 良好的生态功能

生态驳岸把滨水区植被与堤内植被连成一体，构成一个完整的河流生态系统。

生态驳岸的入水部分具有高孔隙率，为鱼类等水生动物和其他两栖类动物提供了栖息、繁衍和避难场所，形成一个水陆复合型生物共生的生态系统。生态驳岸使硬质景观的比例下降，有利于水土之间营养物质的交换，大量的水生植物提高了水体的自净能力；岸边层次多样的水生植物以及蜿蜒的水岸提升了游人的趣味性，同时多层次的植物可以作为隔离带，避免游人随处垂钓、冬泳，给园内水鸟营造良好的栖息地环境。

三、生态驳岸的形态

岸线尽量以蜿蜒的曲形为主，使湖内丰富多变的水岸线与造型别致的亲水栈道相结合，可使游人在一动一静中亲密接触水面，给游人多样的生态景观体验，通过蜿蜒曲折、多样变化，并配合一定的植物，将水体或隐藏或突出，营造亲水的动态画面，并在水中增加浅滩、岸边增加挺水植物和浮水植物，发挥植物的生态功能。

四、生态驳岸的类型

1. 草坡入水式驳岸

草坡入水的柔性生态驳岸，按土壤的自然安息角进行放坡，坡度较缓。软硬景观相结合，种植层次丰富，形成自然野趣的河道。周边滨水植物净化湖水的同时，使环境充满自然气息。

2. 木桩驳岸

木桩驳岸使用经防腐处理的木桩，组合排列生动有趣，具有自然乡野的气息。

3. 湿地水生驳岸

以自然野趣为主题，体现特色。湿地水生驳岸对生态干扰小，运用泥土、植物及原生纤维物质等形成水生植物生长环境，为公众提供丰富的滨水植物景观，也是鸟类喜爱的栖息地。从生态效益出发，不仅增加了湿地水体与驳岸土壤的联系，还强化了湿地的生态功能，是滨水空间常用的驳岸类型。

4. 石砌驳岸

采用自然式石砌驳岸设计，景观效果自然，便于游人开展亲水活动。石块与石块之间形成许多孔洞，既可以种植水生植物，又可以作为两栖动物、爬行动物、水生动物等的栖息地，形成一个复杂的生态系统，满足景观和生态的要求。

5.垂直式驳岸

垂直式驳岸能解决河流与周边场地的高差问题，能抵抗较大的冲力，但属于人工化驳岸，应避免大量应用。

6.退台式驳岸

一般常见于高差较大的区域，运用层层退台的方式解决高差问题，在低水位时形成亲水平台的效果，涨水时可以防洪。可利用阶梯式花坛提供观望平台或座位。

五、生态驳岸的植物配置

生态驳岸植物配置以乡土植物为主，优先考虑生态适应性原则、功能性原则及经济适用性原则，注重植物群落的完整性、植物多样性及景观的层次性。在驳岸植物布局上要注意乔木、灌木、草本的搭配，使植物在竖向空间上形成丰富的层次感。在植物景观的营造上考虑季相性，如春季以柳树、碧桃为主，形成桃红柳绿的景观效果。置石驳岸在植物配置时应有遮有露，如以垂柳和迎春等植物为主，让细长柔和的枝条下垂至水面，遮挡石岸，同时配以花灌木和藤本植物如地锦等植物做局部遮挡。近驳岸水域可配以黄花莺尾、黄菖蒲、芦苇、香蒲等植物遮掩坡脚并增加景观层次感。浅水区是生物物种最为密集的区域，这个区域可利用植物为生物营造栖息空间，主要以湿生和耐水湿植物为主，如芭蕉、芦苇、菖蒲等。深水区以水生植物为主，如睡莲、荷花，注意疏密有致，保持水面的开阔性，提升水面的景观效果。水岸边的植物增加竖向的高差，丰富景观效果，使绿道驳岸景观更加具有层次感，植物选择上注重多样性、耐水性及固土的作用，可选择垂柳、枫杨、水杉等耐水性高大型植物，结合紫松果菊、千屈菜、美人蕉等开花草本，增强驳岸景观的观赏性。

第二节　景观廊道构建

一、景观廊道的构成要素

1.自然景观

滨水绿道的范围一般是自然风貌较好的区域，有的区域有山体和湖泊，形成山水相依的空间格局，具有景观的可塑价值及生态价值，这些区域保留大量乡土植被，生物种类多，景观类型多样化，对生境恢复有重要意义。植被呈群落分布，形成乔木、灌木、水生多层次的植物群落。

2. 滨水游憩区

滨水游憩区为滨水绿道的重要的功能区域，涵盖滨水休闲、生态涵养、休闲观光、健身娱乐、文化体验等多种功能。滨水游憩区具有多样化的景观类型，其场所包含较多的景观元素。

3. 文化遗产区

文化遗产区是指由于历史变迁留下的历史遗迹及周边环境，包括寺庙、门楼、牌坊、村落民居、桥梁设施等，对提升绿道文化体验具有较高的价值。

二、景观廊道的构建原则

1. 生态优先的原则

廊道的构建以恢复自然生境为目标，保护生物的多样性，维持生态系统的稳定性，通过生态栖息地的保护与修复、建立慢行交通系统、减少人为干扰、增加缓冲带的方式确保生态系统的有序发展。采取本土种植，维持生物的多样性。

2. 因地制宜的原则

结合区域自然环境、资源现状，结合地区生产、生活特点，根据区域的自然肌理和地形地貌特征，因地制宜开展廊道构建。

3. 网络连接的原则

依托山水、道路等线性景观构成网络结构，廊道的构建结合整体绿道的规划，与绿道网络形成连接，注重廊道的连接度和宽度。

4. 多元化的原则

体现在文化的多元、生态的多元及功能的多元，尊重各类文化。廊道的开发以保护自然肌理为前提，并针对目标人群的特征进行设计。

三、景观廊道的构建方法

根据滨水景观特点确定景观廊道的分段及宽度，分析地域背景和资源条件，确定重要的景观节点，包括自然节点、人文节点、游憩节点。构建不同地段内的景观廊道，将不同地段的景观廊道构建成网，形成绿道廊道网络体系。在缓冲区域内完善景观廊道的功能。滨水景观廊道主要穿越城市文化景区、自然林地保护区和游憩活动区，其主要构建方法如下。

1. 廊道网络结构的构建

廊道的建设从使用者、建设者以及生态性的角度对廊道网络结构进行分类，主要包括以下六种：第一种是传统型，通过单一的绿道连接两个以上节点。第二种是确定一个或几个非常重要的节点，再将其他节点与之连接，这种类型可以帮助人们快速通过绿道进入其他区域，但绿道之间的连通性不足。第三种是主路和支路配合，将所有廊道的长度控制在最短距离，从而提高经济效应，这种类型的弊端是如果主路断开，将影响绿道的连通性。第四种是一条环路廊道，从起点出发最终回到起点，这种方式对游憩者有利，不用折返就可以回到起点。第五种是任意两点都可以连通，构成畅通的廊道网络，但路网较密。第六种是环路和节点的结合，可以在不穿越其他节点的情况下任意两点进行移动。

这六种类型的网络结构对廊道构建具有借鉴意义，节点为城市中重要的功能场所，如城市公园、中心绿地、城市广场、历史遗迹，通向河道、廊道、风景道、步行道形成的绿道连通，辐射到周边公园、社区、文化遗址，形成更为完善的绿道体系。

2. 空间构造

廊道的连接度取决于其结构和空间布局。在景观廊道的构建上考虑廊道与城市、廊道与河道的关系，考虑廊道空间序列，从自然环境和人文环境两大方面着手，突出廊道的生态性和人文历史特点。在构建的过程中以自然景观为依托，廊道两侧以林地、植被、湿地等自然要素为主，强调自然形态的设计，景观构筑物要适应自然生态环境，符合廊道的自然属性。通过景观廊道的线性空间增加廊道与周边环境的衔接，形成连续的生境空间。

3. 滨水生态带的构建

构建多种廊道形式，如交通廊道，主要供步行或者骑行，其功能主要是交通连接；绿带廊道，其主要形式为林地景观，主要功能是生态功能。廊道在规模上有宽有窄，在形状上有曲有直，是多功能的景观结构。滨河廊道可以有效地进行调蓄和净化水质，实现水系的生态化处理，在河流的上游新增植被可以过滤泥沙及有害物质，同时起到降温的作用，更好地净化水质，在滨河廊道中设置滨水平台等设施，带动滨水活力。

4. 廊道的植物配置

乡土植物是能够保护水质和低成本维护的植物，廊道构建乔木层、灌木层、草本、地被多层次的植被结构，滨水种植耐水性植物，如水杉、落羽杉，能使根系扎根在土壤中对堤岸进行保护，用于泥沙过滤的植被应当具有扎根较深且生长较密的根系，从而抵抗侵蚀，如枫杨。建设雨水花园，通过河岸植被和生态草沟对水体进行净化，并运用低影响开发的方式还原本土植物。保证廊道的连续性及网络布置形式，维持廊道植被原貌，遵循自然廊道的原始组成，保证廊道适宜的宽度。

5. 生态栖息地的保护

根据河道的土地利用条件，结合陆生和水生的动物类型，将栖息地划分为鸟类栖息地、哺乳类栖息地、鱼类栖息地。鸟类栖息地主要由树林、岛屿、水面、湿地构成栖息环境，水中设置浮岛。哺乳类动物需要庇护场所，在廊道的构建上需要有一定高度的植被进行庇护，如利用灌木进行遮挡，也可以利用人工构筑的涵洞和桥洞保证栖息地的安全。鱼类栖息地主要依靠水体环境，营造富有曲线的岸线，结合丰富的水生植物群落，提高水域质量。

6. 生境及生物通道规划

依据廊道周边栖息地情况及动物的需求，构建生物通道，可将其设置在有小型动物迁徙的地段，在湿地、农田、林地等生态斑块中设置中小型涵洞，通过涵洞连接被割裂的生态斑块，改造排水箱、排水沟等地下空间，构建适合两栖动物通行的生物通道。在涵洞设计中，入口处的设计要考虑通道和陆地道路的连接，在排水道上架板和盖，在排水沟两端设立缓坡，便于动物通行。涵洞的视线不受遮挡。涵洞两侧可设置浆果类灌木、草本及藤本植物，如火棘、番薯等诱饵植物。

第三节　植物景观营造

一、植物总体规划

在绿道的植物配置上主要采取植物群落的方式，营造结构合理、种群稳定的复层混交群落不仅是简单的乔木、灌木、花卉的结合，而应结合生态学原理进行植物景观营造。

1. 植物景观的季相变化

随着气候季节性交替，群落呈现不同的外貌，绿道植物配置要顾及四季景色，使景观植物在每个季节都具有代表性的特色景观。在保证冬季有常绿树的前提下，适当种植落叶树种。落叶乔木能体现季相变化，展现色彩美、形态美，同时有利于冬季采光。在植物的配置上常绿树和落叶树比例适当，合理搭配。

2. 群落的垂直结构

植物的层次结构影响其生态功能的发挥，植物的层次性越强，生态效应越佳。混合复层形式多样化，形成多变的林冠线和林缘线，使景观更加丰富。在植物的配置上，应采取乔木、灌木、草本、地被、藤本相结合的方式，乔木下层为灌木留出一定的空间和阳光。生态设计是创造空间稳定和植物景观最关键的途径。

3. 观花和观叶植物相结合

观赏花木中的色叶植物如红叶李、红枫，秋景树如槭树类、银杏类，其和观花植物组合可延长观赏期，同时观花植物也可作为主景设置在重要的景观节点处，搭配其他树种也有不同的观赏效果，如柳树、梧桐、香樟、油松、水杉等，最大限度地发挥绿道的生态效应和环境效应。

二、植物景观营造

1. 建筑

建筑边缘区域包括墙体、墙角、入口、窗门洞等。墙体一般可用藤本植物或盆栽修饰墙面，可以改善墙体温度，以达到建筑节能的效果。墙体绿化要考虑墙面朝向和墙面材料，北向可选用常绿植物，因为阳光照射较弱，西、南朝向可选用落叶植物以达到冬暖夏凉的效果。墙角绿化由墙角到外侧呈扇形展开，由高到低，墙角可以种植浅根系的大型植物以遮挡墙角轮廓（如毛竹、芭蕉、八角金盘），外侧可以种植低矮的灌木形成层次感（如海桐、毛杜鹃、南天竹、麦冬）。

建筑入口人流量大，周边植物配置一般较为优美、层次丰富，以吸引人流、增加导向性，从建筑外侧到入口植物层次越来越丰富，并以入口为对称轴，和花坛搭配，以达到引导的效果。建筑门窗洞前绿化采用落叶乔木为主，避免乔木直接面对门窗洞，遮挡室内光线，宜种植形态优美，最好有香味的植物，如竹、桂花、榆树等。为了保证采光和通风，植物与墙体距离应大于 3 米。

2. 山体

山体常年多为绿色的，选择植物可增加季节性色叶植物和花木的植物种类，如檫木、山麻秆、乌桕、枫香、榛木等，使得在不同的季节，绿色山体点缀着其他颜色，有利于意境的渲染。对落叶树种占大部分的山体而言，植物的选择应考虑增加常绿树种，使得在秋冬季的山头有景可观，避免萧条。

3. 驳岸绿化

生态型的河道进行植物景观构建时，应优先考虑乡土树种，骨干树种是整条河道及周边出现数量最多的树种，可以构成整条河道的基调，采取群植的方式，考虑植物的季相性，选用其他多种颜色不一、姿态各异的树种，使统一的基调中蕴含变化，达到丰富景观形式的作用，使河道周边植物景观实现变化与统一。驳岸植物景观多为群落式布局，如乔木—草本驳岸植物群落、乔木—灌木驳岸植物群落、乔木—小乔木—草本驳岸植物群落、乔木—小乔木—灌木驳岸植物群落、乔木—小乔木—灌木—草本驳岸植物群落等。

水生植物区可利用沟渠和小岛，构建水生、湿生及旱生生境，展示自然水体沿岸植被分布模式，即形成挺水植物、浮水植物、沉水植物及深水区植物的梯度变化特点。水生植物搭配，如千屈菜—鸢尾群落、再力花—睡莲群落、花叶芦竹—鸢尾群落等。

耐水湿植物常见的种类有墨西哥落羽杉、垂柳、枫杨、池杉等木本植物，种植于驳岸上方和临近水域，营造出局部的水上森林景观。水生植株高度在1米以上的种类有芦苇、花叶芦苇、芦竹、东方香蒲、再力花、水葱、小香蒲、旱伞草、黄菖蒲、千屈菜、美人蕉等，常作为水生植物的上层。梭鱼草、马蔺、水薄荷、鸢尾、金叶黄菖蒲、菖蒲、三白草、泽泻、灯芯草等植株低型的挺水植物，常居于竖向设计的下层。荷花、睡莲、芡实、萍蓬草等，则常作为较深水域的水生植物。

第四节　区域绿道景观优化设计

一、优化目标与设计原则

城市滨水型绿道景观设计应根据当地区位条件及自然资源进行合理规划，建立基于本地区特点及生态环境为基础的集生态保护、游览观光、科普教育为一体的复合型绿道。以生态保护为目的，通过建立多元化的绿道景观，营造区域特色景点，满足不同群体对绿道功能的需求，为市民提供绿色、舒适的绿道空间。人们对绿道空间的体验要求越来越高，绿道要串联起城市绿地、风景区及重要的功能区。

二、交通优化

1. 交通衔接系统的优化

绿道与机动车道衔接应尽量避免与高等级的道路交叉，如不可避免可采取立交的形式。绿道与停车场衔接时，应在离入口50米处设置醒目的标志，30米处的路面上设置减速带，在与广场出入口距离10米处设置醒目的标志。

绿道中的换乘点包括公共停车场、自行车租赁点、公交站点、出租车停靠点，实现快速交通和慢行交通的转换，停车场一般设置在绿道出入口的位置，自行车租赁点应设置在绿道沿线重要节点，如重要景观节点、广场、码头，根据人流密度大小设置租赁点间距，通过设置换乘点及停车设施实现绿道与城市交通道路的接驳。

2. 慢行道路的规划

慢行交通满足游客的通行需求，在优化慢行交通道路的时候考虑游客的使用需求及行为特点，在设计中组织合理的慢行交通网络。慢行道路除了满足交通需求，还包括娱乐、休闲、健身等功能。同时衔接绿道交通与城市外部交通，包括慢行路径、慢行节点及慢行区域的连接。慢行节点是慢行道路的交会点，主要包括交通节点、景观节点和服务设施性节点。慢行节点在慢行交通上起串联道路的作用，满足慢行道路的连续性和安全性。交通节点主要是交通环岛、道路的交叉口、公交站点等。在慢行节点的连接上要注意交通节点与周围道路的连接。景观节点是指绿道中的广场、亲水平台等人流量较大的空间，景观节点的交通设计主要考虑景观节点与绿道的衔接，重视空间尺度的把握及景观细节的塑造。服务设施性节点是指绿道沿线的驿站、卫生间、售卖点等功能性的设施，多为建筑形态。由于服务型设施多位于慢行道路的交会处或尽端，同时是人流比较聚集的区域，注意留出集散空间，注重场地与绿道的衔接，确保其具有良好的通达性，根据绿道规模及游客人数确定其空间尺度大小。

3. 慢行道路的构成

和机动车平行的慢行道路，在慢行道和机动车道中间最好设置绿化隔离带，独立的慢行道路一般形式较灵活，与周围的环境高度融合。慢行道路根据其形态可划分为直线型道路和曲线型道路，两种类型的道路形式各有其特点，直线型道路路线清晰规整，能满足游客快速通行的需求，曲线型道路蜿蜒曲折变化多端，道路两侧易形成丰富的景观效果，有"移步换景"的感觉，景观体验性更好。慢行交通系统除了具备通行的功能，还提供休闲、健身、娱乐等功能，是绿道中交通出行的重要组成部分。绿道中的慢行交通主要由步行道、自行车道组成，连接绿道中的景观节点，起到串联的作用。在慢行交通规划时应尽量满足步行、轮滑、骑行等多种功能。都市型绿道可选用沥青、混凝土、透水铺装等强度较高的材料，生态体验型绿道则选用与自然环境较为融合的材料，如木塑复合材料。

都市滨水型绿道自行车道双向车道宽度不小于3.5米，单车道宽度不小于1.5米，双车道宽度不小于2.5米，都市型绿道步行道宽度不小于2米，步行道和自行车道可以采取并行的形式，中间可用绿化带分隔。自行车道和步行道要配备相应的基础照明设施，慢行空间中要增加景观节点。

三、慢行道路景观优化

慢行道路的景观主要包括自然景观和人工景观两大类。

自然景观包括地形地貌、水体、植被。滨水型绿道依水而建。滨水绿道中无论是背景还是景观节点，无一不和水景有着联系，慢行道路中水景充当着背景，水能满足游客亲水的需求和游览、运动等活动，可以增加亲水慢行道路，让游客近距离观赏水景。慢行道路的植物要综合考虑气候、水土等因素，尽量选用低成本维护的乡土植物，运用乔木、灌木、草本植物营造丰富的植物群落景观，实现从水面向驳岸的自然过渡，增加驳岸空间的景观层次。

人工景观主要是指人为构筑的景观，多以硬质景观为主，在景观节点如滨水广场、滨水平台的设计中，利用木质亲水平台构建视野开阔的临湖景观空间，驳岸的形态采取曲岸式，运用亲水平台、台阶强调驳岸的亲水性。人工景观还包括广场、景观节点的空间界面，如道路、地面铺装、景墙等，主要通过界面的材质、肌理、色彩来体现相应的风格和景观特色。

四、绿道服务设施优化

绿道服务设施的特点是其功能性，包括交通类设施、休憩类设施、卫生类设施等。服务型设施的优化要考虑服务设施的间距，根据设施的不同类型和人流量选择适宜的距离。滨水型绿道服务设施的设计要符合人体工程学，体现出设施的地域性。

1. 交通类设施

交通类设施是绿道中比较常见的设施，起引导游客通行的作用，交通类设施包括道路、护栏、自行车存放设施，以及台阶坡道等辅助性配套设施，在城市绿道和城市区域交通枢纽接驳处应设置自行车租赁点、供游人休憩的场所。道路铺装是交通类设施中的一部分，一般采取平整性、防水性、防滑性较好的材料。自行车道可选用透水沥青、彩色透水混凝土，步行道可采用防腐木、塑木、彩色透水混凝土、透水砖等材料。

2. 休憩类设施

城市滨水绿道中的休憩类设施包括亭廊、坐墙、座椅等，这类设施不仅满足功能需求，同时构成景观节点，丰富绿道的景观效果，起烘托景观效果，表现绿道主题的作用。能够使游客在滨水绿道中获得更多的停留空间，激发滨水绿道慢行空间的活力。座椅的设计要符合人体工程学，椅高 38~40 厘米，椅深 40~45 厘米，双人椅长 1.2 米，三人椅长 1.8 米较为合理。

3. 标识设施

标识设施在滨水绿道中必不可少，标识系统的主要功能是为使用者提供引导、解说、指示、命名、警示等信息，会让绿道慢行系统具备更完善的功能，更好地组织交通，标识设施的视觉设计会增加游客的视觉观赏性。标识设施要使指示的信息清晰、明了，特别是警示性指示牌，可用文字、图示、标记的方式表现。在指示牌的外观设计上，同一条绿道应统一风格，指示牌中应包含景区地图、方向指引等信息，视觉设计上要具有美观性。

4. 照明类设施

照明类设施在绿道中主要是指各种灯具，如路灯、庭院灯、景观灯等照明工具，能方便游客夜行，为游客创造安全的夜间环境，不同的灯具能营造出不同的氛围。随着技术的革新，绿道中将照明设计运用到地面，形成"夜光步道"，如荷兰的夜光自行车道，其灵感来自梵高的画作《星夜》，整个设计提升了绿道的艺术氛围，用艺术性的照明方式使普通的自行车道充满创意性，运用太阳能发电的 LED 灯光作为光源，使绿道既环保又充满了艺术氛围。此外，在绿道照明设计中要考虑光照级别，绿道中的景观节点及中心景观构筑物是光照中突出的重点，根据绿道中景观节点的特点进行分级打造。

5. 卫生类设施

卫生类设施主要是公共厕所和垃圾箱等，是维护绿道卫生整洁的重要设施，影响滨水绿道慢行空间的品质和游客的健康。要考虑公共卫生设施能否为老人、儿童、残障人士等特殊人群服务，这些都将反映滨水绿道慢行空间构建的整体质量。垃圾箱的材质最好使用不锈钢材料，经久耐用。

第七章 区域绿道设计相关案例的启示

第一节 武汉东湖绿道景观规划设计实践

一、项目概况

武汉东湖水域面积达 32.4 平方千米，东湖绿道自然环境优美，一期工程全长 28.7 千米，串联东湖的磨山、听涛、落雁三大景区，设计了湖中道、湖山道、磨山道、郊野道四条主题绿道，西门户——楚风园、东门户——落霞孤雁、南门户——全景广场、楚山客厅——磨山抱翠四处门户景观及八大主题区域，一期所选的路线沿线很多是已有景观基础的路段，景区及配套设施相对成熟。

在交通方面，绿道空间连贯流畅，运用绿道串联主要的景点，注重内部交通的串联和外部交通的衔接，湖中道交通连贯流畅，运用绿道连接主要的景观节点。在对外交通方面，其南面对接磨山道，可以进入磨山景区，西至梨园广场，周边设有地铁站、公交站，楚风园周边设有停车场。绿道在功能上满足公交道、人行道、自行车道，并可以举办马拉松、自行车等国际赛事。

植物配置上层采取分段打造，营造和突出各个路段的景观特色，以香樟、枫杨、女贞、垂柳、无患子、朴树、乐昌含笑、石楠、桂花、广玉兰等遮阴大乔木、遮阴中乔木及常绿乔木为主，中层植被以樱花、梅花、山茶、鸡爪槭、红枫等开花色叶小乔木配合夹竹桃、迎春、杜鹃等高灌木及中灌木，下层以小叶女贞、麦冬、茶梅等低矮灌木为主，同时栽植睡莲、荷花、香蒲等水生植物。种植方式主要采用孤植、丛植的形式，高灌木充当背景及绿篱，中矮灌木色彩缤纷，具有季节性变化；低矮灌木沿硬质景观边缘丛植，防止边坡侵蚀；保留原有场地中的特色树种，如池杉、梧桐。

将绿道景观融入自然环境之中，枫多山驿站位于枫多山和猴山之间，在一处现有的公共沙滩的一侧，利用现有的水上构筑物进行延伸，通过水上栈道围合游泳及休闲区构成受保护的边界。在景观的布局上，两侧保留现状水杉，利用平坦的草坪打开中央，形成视觉通廊，透出湖景，将枫多山驿站融于山林之中，运用木材等生态材料减少施工对生态环境的破坏。景点中注重文化氛围的塑造，如湖中道有楚风园、鹅咀等主题性景区，楚风园以荆楚文化为特色，园内有楚文化主题的雕塑，特色游船码头，并种植湖北地区的乡土植被；鹅咀位于湖中道与郊野道的交汇处，三面临湖，自然风光宜人。湖中道还设置了历史文化型的建筑，如湖光阁。磨山门户位于整个区域的最北端，起承上启下的作用，该区域将楚文化青铜器凤鸟纹等抽象纹样应用于场地中的灌木整形及地面铺装上，反映了武汉丰富的文化历史。

绿道设计中注重绿道连通性与景观体验性，在梅园和荷花园之间提供步行连接，步行道沿水岸边设置，增加其亲水性，北边林地中设置蜿蜒曲折的步行道路，与起伏的微地形景观呼应，利用滨湖绿道的自然资源优势将滨湖的自行车道设置成曲线形，湖滨广场设置水台阶形成剧场效果。湖滨的人行步道向湖面延伸形成阶梯小广场，增加场地的亲水性。湖滨有双向步行道和自行车道各一条，亲水景观体验性较好。郊野段绿道作为东湖绿道体系中最具郊野特色和代表性地段之一，结合景中村的改造提升，塑造高品质景观空间，打造多样性绿道体验。

郊野段预留的生物通道为管状涵洞和箱形涵洞，管涵设低水路和步道，可供野兔、松鼠等小型动物穿行。郊野段景观设计保护原生态还原"野趣"，在郊野道沿途设置了亲水场所、林中栈道等。同时，设立以"田园童梦""塘野蛙鸣""落霞归雁"等为主题的野趣景观节点。自行车道与步行道分行，两道之间设绿化带，步行道宽不少于1~5米，自行车道宽不少于6米。为此，将现有道路进行整体拓宽，拓宽幅度不超过2米。

在材料的选取上本着取之乡野用之乡野的原则。尽量保留场地中的断壁墙垣、野草杂木、独木挑板、坑塘沟渠等设施，并增设夯土、碎石、废旧红砖、啤酒瓶、枯树皮等硬景材料，加上乌相、水杉、落羽杉、木芙蓉、菖蒲等乡土植物，形成独具乡韵土香的特色绿道。同时考虑新材料、新技术的运用，使路面扎实并富有弹性，跑步、行走都很舒适。选用高黏度、高弹力沥青铺设路面，这种沥青与普通沥青不同，不仅经久耐用，而且更具弹性，跑步、走路时脚感舒适。

绿道设计充分地展现了东湖的自然山水资源，做必要的休息停留节点来供游人休憩。在生态方面提出保护山体资源、原有植被保护与群落修复、植物规划、选用本土苗木、留出生物通道等专题，这些专题也指导设计按照科学的方向进行。

二、经验借鉴

1.道路交通体系

东湖绿道在选线上优先选取能突出东湖特点及魅力的路段，尽量选取已经建成或者有一定基础的绿道。部分路段按照自行车和举办国际赛事的标准进行设计，即按照自行车道宽度不小于 6 米、人行步道宽度不小于 2 米、其他路段按照自行车道宽度 3~4 米、人行步道不小于 2 米进行建设，在道路交通上采取"分区分级"，实行内慢行、外车行的交通体系，车行、步行、骑行分道而行，互不干扰。外部车道有机动车、公交车，景区具有交通接驳空间，内部交通主要以步行和骑行为主，强化内外交通系统有效衔接，优化公交路网，将公交枢纽场布置在景区周边的位置，线路不干扰景区绿道，衔接公交客流但不对景区构成干扰。

内部交通上体现绿色出行，设置东湖绿道专线公交，景区之间增加接驳电瓶车，以景区核心景点为中心，实现与各大景点的衔接，新增码头，串联磨山、武汉大学、东湖梅园、落霞归雁等热门景区，整合水上交通资源，开辟特色水上游览路线，增强水上景观体验感。道路材质选用高黏度、高弹性沥青，可渗透环保铺装及特色铺装，东湖绿道大部分道路采用隐形井盖，即井盖被隐藏在人行道或绿化带下面。

2.植被保护及提升

绿道植物规划上实行生态优先的原则，对植物群落中池杉、枫杨等关键树种和乡土植物加以保留，实行分层规划，结合现有地形，采取乔木、灌木、花卉、水生植物相结合的方式突出地域特色，以植物串联起各大景区，营造各类植物专类园。

（1）湖中段。为展现东湖自然风光，纵览东湖山水美景，以蓝色为该段景观的主色调。道路植物搭配以透景为出发点，采用"行道树＋地被"的种植模式，局部结合节点、停留点点缀带状花境，营造简洁、自然、清爽的滨水景观。景观特色：基本维持现貌、丰富节点，观赏点在于看湖。

（2）湖山段。基于本段背山临水的特点，以彩色为该段植物色彩的主色调，以彩叶、观花、观果植物为特色，营造丰富、变化、多彩的滨水景观走廊。景观特色：绿道两侧增加彩叶植物及观花、观果植物，观赏点为成片的彩叶及观花、观果植物。

（3）磨山段。基于磨山丰富的自然植被资源，植物设计保留磨山风景区总体生态格局，以绿色为整段景观色彩的主色调，以楚辞植物、芳香灌木及地被为特色，打造一条葱郁、静谧、幽香的环山步道。景观特色：逐步增加彩叶树种，丰富林下植物，观赏点集中在中下层观花、观叶植物。

（4）郊野段。基于场地的资源和肌理，选用特色乡土植物，恢复东湖的自然生境，以黄色为整段植物色彩的主色调，以观赏草及花果类农作物为特色，营造野趣、自然的滨水景观绿道。景观特色：保留现有宅前屋后上层乔木，节点处增加观花、观果乡土植物，补充中层高草及下层花甸、观赏草及水生植物，观赏点为成片的高、低草花甸。

3. 驿站建筑形式

驿站是绿道建设的重要组成部分，也是东湖风景区基础设施中亟须增加的重要内容。驿站有两种建设方式，一是在规划指定位置新建驿站，二是结合现有条件对现有建筑进行改造，满足使用需求。驿站采用了多种结构形式。改造驿站采用了轻钢结构；新建驿站中，磨山段采用了木结构，临湖驿站采用了微型钢管桩等形式。各级驿站均具备交通换乘的功能，换乘的自行车和游览车可尽量停放在户外空间，搭建雨棚等构筑物遮风挡雨，减少对建筑室内空间的占用。

4. 生态驳岸的处理

东湖绿道驳岸设计在岸线的处理上采取曲线形，采用了抛石处理来稳固驳岸，通过叠石来营造滨水景观。东湖绿道在湖岸的转折处设置了亲水平台，增加了亲水景观体验性。

第二节　河北迁安三里河生态廊道

一、项目概况

迁安市位于河北省东北部，燕山南麓，滦河岸边，主城区虽西傍滦河，但由于地势整体低于滦河河床，高高的防洪大堤维系着城市的安全，却将河水隔离在外，有水却不见水。三里河是滦河支流，为迁安的母亲河，承载着迁安的悠远历史与寻常百姓许多记忆。它的卵石河床帮底坚固，受滦河地下水补给，沿途泉水涌出，清澈见底。虽久经暴雨洪水冲刷和切割，但河床依然如故，从无旱涝之灾，为沿岸工农业生产提供了极为丰富的水利资源。20世纪初在三里河创建了迁安第一座半机械化造纸厂，70年代，由于城市化进展的发展，大量工业废水及生活污水排入河道，使得河道污染日益严重。三里河生态廊道工程从2007年4月开工到2010年年初，经过两年的建设，形成了绿树成荫的优美环境，还原了昔日母亲河的绿色风貌。

迁安三里河绿道由原来堆砌垃圾和废水排放的通道改建而来，绿道为串珠结构，一条"蓝带"即河道串联多个景观节点,景点之间为狭长的过渡地带。该项目占地约135公顷,全长13.4千米,宽度为100~300米,为一带状绿地公园,上游由滦河引水贯穿城市之后,回归滦河。经过两年的设计和施工,一条遭遇严重工业污染、令迁安市人民为之伤痛的"龙须沟",俨然恢复了当年"苇荷相连接,鱼鳖丰厚,风光秀丽"的城市生态廊道。项目将截污治污、城市土地开发和生态环境建设有机结合在一起,充分展现了一片曾经被忽视遗忘的污染地如何重新发挥景观的综合生态服务功能,蜕变成绿色生态基础设施和日常景观。项目沿河建立了供通勤和休闲使用的步行和自行车系统,与城市慢行交通网络有机结合,融合当地传统特色的艺术设计形式,提升了民众的社会认同感。该项目产生的生态效益及其景观的美学特色,促进了该地区的可持续城市发展。

二、经验借鉴

(1)上游区域从滦河引水,两岸种植植物,涵养水源,溪流两侧设置人行车道和自行车道,下游疏通河道,建立生态堤岸,完善两岸绿化建设。

(2)运用雨洪管理的方式,使河道形成"下洼式",即使在水量少的时候,也能保持湿地,绿道具有雨洪调节的功能,营造一个多样化的生物栖息地。截流雨污,进入污水处理厂,沿河设置多个雨水排放口。

(3)运用低碳景观理念,保留场地中的原有树木,运用低维护成本的乡土树种,建立自行车道,与城市慢行交通网络有机结合,在河道中建立"树岛",水边设置亲水平台,沿河绿植围绕,形成完整的生态廊道。

(4)采取分段打造。工业文化段使滨水景观和工业遗产保护相结合,打造市民休闲中心。城市滨水段中恢复河道自然景观,为市民提供滨水活动场地。郊野段以大面积森林为背景,突出河流及滨河绿道的自然野趣。

第三节　湖北黄石环磁湖绿道设计启示

一、地理区位分析

黄石位于湖北省东南部,长江中游南岸,鄂、赣、皖交界地区,城区距武汉主城区65千米。磁湖是湖北省黄石市市区的一座美丽的城中湖,水域面积约10平方千米,磁湖风景区湖山相映,水岸曲折。岸线总长为 38.5 千米,自然环境优美,人文氛围浓厚,水资源丰富,自然山体与平地组成了丰富的地形地貌,水域、景观绿地、山地、林地是规划区内的现状主体用地,磁湖周边群山环绕。区域内包括黄荆山、大众山、团城山、柯尔山、白马山等景区,湖山相映,周边分布住宅区域及商业区域。随着黄石矿业资源的逐步枯竭,城市发展呈现各种问题,如环境污染、城市经济增长乏力等。黄石绿道系统规划是黄石"生态立市,产业强市"目标的重要部分,是构建宜居生态美丽黄石的重要抓手。

二、绿道现状

(一)区域旅游景区

磁湖片区有着丰富的自然资源,自然植被良好,具有山水相依的空间格局和自然风貌。整个规划区域属于城市中心地带,市政配套设施齐全,景观资源丰富,生态环境良好,形成了景观空间上的山水格局,大片的湿地环境和丰富的植被森林覆盖使该区域生态环境优越,所以该绿道属于生态游憩型绿道,现有的设计成果分三段,即磁湖北岸、磁湖东北岸和磁湖南岸。磁湖北岸以绿化带连接霞湾榴红、楠竹茶语、磁湖野渡、皇姑揽胜四大景观节点,北岸也是磁湖绿道及景区最集中的区域。磁湖东北岸以展示磁湖文化、东坡文化打造高尚休闲文化为特点,打造为集观光游玩、文化体验、休闲游览为一体的磁湖新天地。磁湖南岸为与住宅相连的绿化带。团城山景区可以开展水上娱乐、休闲健身,凸显城市中的自然氛围。磁湖以南区域西塞山区,可进行民俗文化活动、户外运动、观光游览活动。磁湖以北区域将大众山风景区建设成集观光休闲、户外健身、观赏植物为一体的风景名胜区。磁湖西南地区为白马山、柯尔山公园景区,山、水、城三位一体的森林城市展示未来城市形象的舞台、区域文化旅游、市民休闲的中心。

现状绿道存在一些问题,如道路宽度未达到绿道建设的要求、部分道路没有可扩展的空间、环湖可利用的空间不足、绿道与市政道路的换乘不便等。现状开发的区域主要为磁湖北岸,主要为团山路、杭州东路、磁湖路、湖滨大道、桂林路。沿线节点为团城山公园、皇姑岭景区、磁湖天地,北岸以生态型绿道为主。主要问题是自行车和步行混行,缺乏机动车及自行车停车区域,部分地段交通拥堵,缺乏功能性服务建筑,绿道沿线缺乏售卖、休憩等设施,游客在游览时有一些不便。

（二）自然条件分析

1. 气候条件

黄石地处中纬度，太阳辐射季节性差别大，远离海洋，陆面多为矿山群，春夏季下垫面粗糙且增湿快，对流强，加之受东亚季风环流影响，其气候特征冬冷夏热、四季分明，光照充足，热能丰富，雨量充沛，为典型的亚热带大陆性季风气候。

2. 水资源

黄石境内有长江自北向东流过，北起与黄石接址的鄂州市杨叶乡艾家湾，下迄阳新县上巢湖天马岭，全长 76.87 千米。黄石市有湖泊 258 处，其主要湖泊有磁湖、青山湖、青港湖、菌湖、游贾湖、大冶湖、保安湖、网湖、朱婆湖、宝塔湖、十里湖、北煞湖、牧羊湖、海口湖、仙岛湖，总承雨面积 2469.76 平方千米。水库 266 座，总库容 25.05 亿立方米，其中大型水库 2 座，中型水库 6 座，小型水库 200 余座。全市水资源总量 42.43 亿立方米，其中地下水资源总量为 8.05 亿立方米。

3. 植物资源

黄石地区在中国植被区划上属于亚热带常绿阔叶林区，而地带性植被类型则是亚热带常绿阔叶落叶混交林，实际上亚热带针叶林占一定优势。此外，还有亚热带竹林、灌丛、荒山、草地及人为栽种的混合植被型（街道、公园绿化带）。

黄石植被种类繁多，截至 2015 年，全市已知的主要植被种类有裸子植物 7 科 18 属 30 多种，被子植物 150 多科 300 余属 2000 余种，蕨类植物 18 科 30 多属 60 余种，还有藻类、菌类、地衣、苔藓等各类植物。被子植物占绝对优势，其中又以菊科、禾本科、豆科、十字花科、蔷薇科、葫芦科等植物品种为最多。

规划区位于黄石市核心区域，用地情况良好，景观资源和植被资源丰富，现状自然资源主要是景观绿地、山地与林地。形成平地与山地相结合的地形特征，生态环境敏感，自然资源优越。区域现有乔木类、灌木类、草本类、藤本类植物、水生类植物。

（1）乔木类植物。大乔木作为城市绿化的骨架，构成绿道上层植物，小乔木多为观花型，景观效果较好。常见的有水杉、棕榈、雪松、圆柏、塔柏、罗汉松、苏铁、杜英、荷花玉兰、桂花、银杏、池杉、落羽杉、香樟、垂柳、枫杨、栾树、榆树、木兰、枇杷、日本晚樱、红叶李、碧桃、鸡爪槭、悬铃木、合欢、龙爪槐等。磁湖绿道现状乔木有香樟、栾树、桂花、樱花、榆树、鸡爪槭、合欢、玉兰、乌相，现状乔木生长情况良好，磁湖北岸的团城山公园植被葱郁，以森林为背景，山上乔木郁郁葱葱，湖滨广场以桂花为现有乔木，景点皇姑岭以百年大型香樟为现有主要植物，磁湖南岸以密林为主，林冠线与天际线交相呼应。

（2）灌木类植物。灌木类植物为中下层植被，形态丰富，具有较强的观赏力，配合乔木进行组景。木芙蓉、栀子花、杜鹃花、月季、荚蓬、桃金娘、珊瑚树、火棘、紫薇、金边六月雪、大叶黄杨、雀舌黄杨、女贞、日本小疑、红花横木、八角金盘、洒金桃叶珊瑚、海桐、石楠等，常被用来整形造景；常见的还有红瑞木、贴梗海棠、狭叶十大功劳、阔叶十大功劳、南天竺、山茶花、结香、紫荆、蜡梅、含笑。磁湖北岸现有的灌木主要有杜鹃、紫薇、月季、海桐、八角金盘、山茶、大叶黄杨、黄杨木、红花植木等。

（3）草本类植物。一二年生花卉有金鸡菊、万寿菊、美女樱、一串红、紫苏、鸡冠花、石竹、八宝景天、甘蓝、三色堇、秋海棠、矮牵牛等；宿根花卉有吉祥草、沿阶草、韭兰、葱莲、玉簪、紫萼、酢浆草、八仙花、天竺葵、鸢尾、美人蕉、虞美人等。在磁湖绿道，栽有美人蕉、鸢尾，团城山公园沿湖绿地栽有美人蕉，公园大门口列植银杏下层栽植万寿菊。

（4）藤本类植物。利用攀缘植物进行垂直绿化可以拓展绿化空间，增加城市绿量，提高城市的绿化质量。常见的有葡萄、爬山虎、凌霄花、紫藤、络石、牵牛花等。团城山公园入口处的栅栏处有大片凌霄花，花色亮丽，可作为花架、墙面、坡面的绿化，起到点缀效果。

（5）水生类植物。水生植物以其洒脱的姿态、优美的线条、绚丽的色彩点缀着水面和堤岸，加强水体的美感。通过各种水生植物之间的相互配置，可以丰富景观效果，创造园林意境。常见的挺水植物有芦苇、莲花、香蒲、梭鱼草、再力花、旱伞竹等；浮叶与漂浮植物有菱角、满江红、凤眼莲、紫萍、浮萍等。

（三）区域文化分析

黄石市矿冶历史悠久，文化底蕴深厚。黄石是华夏青铜文化的发祥地之一，也是近代中国民族工业的摇篮，商周时期，祖先就在这里大兴炉冶，留下了闻名中外的铜绿山古矿冶遗址。1982年3月12日，国务院公布铜绿山古铜矿遗址为全国重点文物保护单位（2001年，该遗址被列入20世纪中国100项考古大发现）。2010年8月20~22日黄石建市60周年之际，成功举办"中国·黄石首届国际矿冶文化旅游节"。

磁湖南部的西塞山又名鸡头山。虎视江北，扼守长江，地势险要，自古为军事要塞，是"惊天地、泣鬼神"的古战场。历史上有孙策攻黄祖、周瑜破曹操、刘裕攻桓元、曹王皋复淮西、陈玉成大战清军等著名战役。

磁湖的水域面积约为10平方千米，汇水面积为62.8平方千米，平均水深为1.75米。

磁湖风景区青山环抱，湖岸线曲折，总长为 38.5 千米，整个景区秀丽清新。磁湖名称因苏轼曾说"其湖边之石皆类磁石"，后各志书多引用此解释为准，如南宋王向之编《舆地纪胜》载："东坡谓其湖边之石皆类磁石而多产菖蒲，故后人名曰磁湖。""磁湖"名称自宋朝起计算到中华人民共和国成立，使用了约 870 年。清朝起又称张家湖，截至1966 年，使用了约 550 年。自 1955 年 1 月修筑陈家湾至华新水泥厂的内湖堤时起，南湖名称开始使用，到 1988 年 3 月市人民政府决定恢复为磁湖时止，南湖名称使用了 33年。1988 年 3 月 30 日，黄石市人民政府根据国务院《地名管理条例》的规定，将张家湖、南湖统一恢复历史名称——磁湖。

磁湖主要景点有睡美人、鲢鱼墩、澄月岛、团城山公园（逸趣园、映趣园、野趣园）、情人堤（磁湖天地）和秀美的杭州路等。磁湖景区内，山形峻峭、水域纵横、山环水抱、交相辉映，美不胜收。

（四）生态及旅游资源

黄石市是依山抱湖的山水城市格局，全市大小山峰共 400 多座，三大水系近 300 个湖。磁湖周边群山环绕，目前已经建成和正在建设的主要景观节点有黄荆山森林公园、大众山森林公园、团城山公园、柯尔山 - 白马山公园、湿地公园。主要山体分布在磁湖湖中，磁湖以北、以西和以南。处于磁湖湖中的团城山景区以水上娱乐、休闲活动为主，团城山公园、澄月岛都地处该区域。磁湖西南为黄荆山景区，该景区自然风光优美，生态维护较好，植物生长茂盛，集旅游观光、道教文化、户外运动于一体的景区。磁湖以北区域为大众山景区，以观光休闲、科技教育、生态观赏为主。磁湖以南区域为西塞山景区。

磁湖现有的设计成果及文化景点分布在磁湖北岸、磁湖东北岸及磁湖南岸，景点主要集中在磁湖北岸、磁湖东北岸。

磁湖北岸沿线有绿带，也是磁湖绿道中现有景观体系最完整的一根主线，东起湖滨大道、西至湖北理工学院，北面为磁湖路，南至团城山公园，其功能主要满足市民游玩，沿途穿插生态公园、沿湖带状绿地、湿地景观、特色文化景点、特色山地景观等，主要景点有霞湾榴红、楠竹茶语、磁湖野渡、皇姑揽胜。磁湖北岸分为两条主线，一条是团城山段，从团城山公园到湖北理工学院；另一条是磁湖段，从桂林路到桂花湾广场。团城山段自然环境优美，地形起伏，主要景观节点为团城山公园、海关驿站及皇姑揽胜，其中团城山公园为该路段最大的景区，现状植被丰富，高大型乔木居多，以团城山为背景，面朝磁湖，山水相依，皇姑岭为西侧起伏地形，绿道呈环线连接多个景点，现状较为成熟。磁湖段以带状绿地、湿地景观、大片水杉林、特色景观构筑物为特色，景观宜人，为市民提供了较为静谧的休憩空间,现有景观格局已经形成,主要景点有磁湖野渡、楠竹茶语、矿文化展示带、霞湾榴红及桂花湾广场,景观效果较好,民众认可度较高。磁湖野渡为湿地景观区,现状建筑为浅草堂。楠竹茶语景观格局已经形成,主体为仿古建筑结合青砖,后期可改为驿站建筑。矿文化展示带现状为水上栈道和水上建筑,缺乏绿地空间。霞湾榴红区是以展示市花石榴花为主的专类园,现状植物生长良好。江南旧雨为古建小院,现状植物生长茂密,整体情况良好。桂花湾广场以桂花为主要特色,现状植物生长良好。

磁湖东北岸的功能定位为都市休闲文化区,最主要的景观节点为湖滨广场和磁湖天地,湖滨广场为现有圆形亲水广场,周围配有停车场等公共设施。该区域对接城区人流,未来可作为绿道门户。磁湖天地以磁湖夜景为特色,是集观光旅游、休闲娱乐、文化体验于一体的磁湖地标性中心。

磁湖南岸开发景点相对较少,景观路与沿湖带之间分布生态住宅,住宅通过景观带连成纽带。该区域多为住宅区,北面是团城山公园,以南是黄荆山,以东是儿童公园,以西是熊家咀,沿线有多个单位,磁湖南岸首先要解决交通的分段与对接问题。

三、绿道选线

选线是绿道规划设计中的一个重点,城市绿道的选线应尽量靠近水边、山边和林边,避开城市交通集散地、通勤路段和快速路,并保持原场地的生态。影响绿道选线要素主要有周围居民设施,包括生活设施、交通设施、旅游景观,历史文化节点等区域,绿道选线主要集中在道路或者水体两侧,道路越宽的区域越容易打造景观,线路连通的节点数量越多,线路的连通性就越好,越适合去建设绿道。具体选线的因素取决于道路两侧绿带的宽度、水域两侧绿带的宽度、交通枢纽的数量、居住设施用地面积、历史文化景点数量及旅游景点的数量。

(一)绿道选线的目标

(1)黄石环磁湖绿道的现状道路已有基础,但部分路段未连成体系,欠佳连通性,环湖可利用的空间不足,部分现状道路路宽3米,未达到绿道建设标准,必须解决交通停车及换乘问题,磁湖北岸、磁湖南岸和团城山西段的停车位数量不能满足高峰时段的需求。

(2)通过绿道的规划能起到提升区内绿化环境品质、串联绿化与人文景区、为居民提供更多的运动健身与休闲游憩的绿化空间。

(3)居民对现状绿道中磁湖北岸的湿地环境和团城山公园的认可度较高,绿化景观环境品质的要求不仅体现在公园、绿化景观节点空间，作为连接景观节点的绿色通道也需要提高景观环境品质。

（4）磁湖区域面积大，旅游景点的可达性及其相互之间的连通性成为亟待解决的问题，完善现有绿道网络体系，提高绿道的连通性，起到提高绿地系统各要素、旅游景点可达性的重要作用。通过优化步行道路，建立环湖自行车道路、滨湖健身步道、绿道可以到达各类人流集聚区域，为居民提供运动健身的场地。

（二）绿道选线的优化

绿道规划中要考虑绿道与周围城市道路和交通站点的无缝对接，将绿道规划为休闲游憩步道、滨湖健身步道和环湖自行车道三种类型。滨湖健身步道沿磁湖北岸形成环状路线，沿城山道形成布置休闲游憩步道，依托现有的团城山公园步道，在磁湖北岸和西岸形成休闲游憩步道。环湖自行车道沿磁湖南岸形成环状路线。磁湖南部视野开阔，部分路段未开发，绿道建设可按绿道建设标准进行重新设计。

环磁湖绿道现有的三条主道路为环状路线，依次为北岸的磁湖北道、南岸的磁湖南道、西岸的城山道。规划的路线尽量为环线，在功能的定位上，景点在磁湖北岸最为集中，磁湖北岸以山水文化为背景，湿地环境较好，磁湖北道团山段到杭州东路段，主要是对现有绿道局部进行拓宽，通过架起等形式，将自行车道与步行道路分开。磁湖南岸由湿地段到儿童公园段，该路段周边分布住宅和小学，部分路段拥堵，交通存在混行，机动车限行。该路段有大面积尚未开发的区域，可按照相关标准建设湖滨绿道。部分路段如澄月段现状只有人行道，将人行道改为自行车道，在水中新增架起步道。西岸的城山道，发挥山体景观优势，依山修建 4 米宽的自行车道和 1.5 米宽的人行道，并建设空中连廊。

四、景观优化设计

（一）总体布局的优化

环磁湖绿道总体规划 3400 公顷，在规划设计上要发挥山地城市的自然优势，凸显矿山文化的城市文脉，以磁湖为绿心，以黄荆山、大众山为背景，以公园景区为骨架，滨水绿道总体规划包括滨水绿道、门户景观和景观节点，而非仅步行道和自行车道，还包括门户和景观节点，以满足观光、休憩、停留、交通等功能。在整个绿道的规划设计上实行分段设计，在规划范围内现有的路段大多具有一定的基础，需要综合考虑其功能定位及主题。

（二）慢行系统优化

慢行系统现状：环磁湖绿道现有的道路由沿湖步道构成，带状道路与横向连接道路骨干路网。主路面采用沥青透水材料，滨水步道采用透水砖，水中栈道材质为防腐木，打造细腻的道路肌理。慢行系统连接城市生活区、风景区和商务区。慢行系统主要为步行和骑行功能，以绿化植物造景为主，游客活动以观光休闲为主。现状问题主要有以下三种。

（1）沿湖空间局促，可以扩展的空间不多。

（2）绿道慢行系统不完善，部分路段的宽度未达到绿道建设标准，道路规划缺乏流畅性。无明显自行车道和人行道的分界线，区别绿道地面标线不完善，部分地面标识模糊。

（3）慢行空间功能单一，部分路段只有单一的步行道，缺乏自行车道。

1. 慢行空间的连接

绿道的连接性是指绿道与绿地以及周围场地景观资源的有机结合。绿道通过选线将周边的城市公园、广场及其他旅游文化资源连接起来并确立主题与特色。城市的扩张与建设，打破原有的自然生态格局，绿道将破碎的城市绿地有机连接起来，满足景观与生态的双重功能，突出文化特色。绿道连接各景观资源的同时，主题文化性的体现可提升场地的活力与个性。场地与景观资源的结合使得绿道慢行空间景观更好地与周围景观产生联系。黄石环磁湖绿道以磁湖为中心，串联团城山公园及历史文化景点，在选线上充分考虑景区范围内的各类绿地与景点，如城山道借青龙山和柯尔山景区，发挥山体景区的地形特点，打造特色绿道空间。

绿道的连通性是指绿道内部空间之间的连续与通畅，连接性保证绿道串联各类绿地与景观资源，绿道游览路径的连通性是绿道规划是否合理的一个关键因素。绿道的合理选线为景观的衔接与生态的连接提供了一个通道，在磁湖路线选线过程中，强化环湖空间的利用，以绿网串联文化景点，规划的三条线路连成环线，途经湖北理工学院、儿童公园、人民广场、黄石托尼洛·兰博基尼酒店等重要的建筑及城市公共服务设施。

2. 慢行空间的组织

绿道慢行空间的组织主要是从绿道内部进行空间组织与布局。绿道内部空间的布局决定绿道慢行空间的延伸性及景观体验。通过空间序列的规划，使用者将在空间序列的节奏变化中感受慢行空间。磁湖绿道在整体布局上是依山傍水的生态格局，在道路的空间组织上发挥滨湖生态优势，根据现有的绿道基础，在慢行空间的组织上要考虑滨湖绿道的游览体验，从而加深绿道使用者对景观的体验与获得感。在绿道空间组织上突出游览路径的起承转合序列，借鉴中国传统园林"移步换景""先抑后扬"等园林布局手法，让线性游览空间更加富于变化。营造慢行空间游览的趣味性，使游览者切身感受到步行或骑行的独特景观，丰富步行道路的形式，除了沿绿地、林地还可增加水上栈道，近距离欣赏水景，感受湖光山色的开阔景象。道路分段中形成多个主题性景区，如湿地景区、矿文化展示带、历史文化景区。磁湖北岸慢行空间呈环线布置，团城山公园作为区域内较为重要的门户景观，是磁湖北岸的核心区域与景观中心，由杭州东路进入团城公园时豁然开朗，绿道慢行空间通过游览道路穿插连接，再加上团城山公园的地形高低变化，形成山地、林地、湖滨相间的慢行空间。与桂林路段相接，连接至磁湖路段，沿线穿插江南旧雨、皇姑揽胜等多个景点，磁湖路段以湿地环境加人文节点为主，地形较为平坦，以大片水杉林、水生植物群为主，以南的团城山公园林木葱郁，以北的湿地环境人文生态，二者隔湖相望，交相呼应。

3. 慢行空间植物围合

绿道带状慢行空间为游客提供步行和骑行环境，植物在慢行空间中扮演着重要角色，植物对空间的塑造来自其形态及色彩，植物的形状、质感与色彩形成边界，改变空间的层次与质感。

磁湖绿道植被优化上可以采取分段打造。打造临湖区域，去除杂草，透出湖景之美，在沿湖区域的林下空间成片栽植开花地被，如二月兰、金鸡菊、野菊花。在水岸沿线增加水生草、花、地被，如千屈菜、菖蒲。绿道沿线常绿树作为基调树，如香樟、悬铃木；景观效果较好的绿荫树，如栾树、枫杨、垂柳，硬质的树阵广场以观赏性强的大乔木为主，如香樟、银杏、玉兰；临湖主干树以垂柳、枫杨、水杉为主。生态浮岛以千屈菜、水杉进行组合搭配。优化已有道路的植物景观特色，根据地形变化塑造植物景观。新增地段的植物造景塑造出层次感。特别是门户景观的植物造景要突出其特点，团城山公园植被现状良好，林木葱郁，保留现有的大乔木，以乔木为背景，沿湖观光带增加花镜，团城山生态园增加开花类小乔木，樱花林成片栽植，滨湖区域透出湖景。磁湖路段现有湿地环境良好，增加水生植物和开花地被，桂林路段保留现有大乔木，增加水生植物及开花地被，杭州东路保留大乔木，增加观花灌木。

4. 绿道慢行游览路径

绿道慢行游览路径主要由道路形态、材质及沿路景观构成，为观赏者提供舒适的慢行空间。步行道路植物围合、铺装材质，以及游憩空间的景观品质都会影响体验感受。

在游览路线的规划上可以借鉴中国传统园林"曲径通幽"的手法，路线尽量呈曲线形。自行车道考虑安全因素，增大道路转弯半径，在转弯区交通复杂的地段设置警示牌，加强绿道的指引。在绿道出入口、重要节点设置清晰的地面标识，将步行流线和自行车流线有机分离。在靠近水上木栈道、滨湖步道、亲水平台等区域设置安全防护栏。根据道路的功能进行材质的选择，自行车道可以选择透水混凝土，具有较高的承载性能，具有良好的防滑性和透水性，耐久性好。步行道路可以采取彩色透水混凝土、散铺砾石、透水砖等材质，防滑性和透水性较好。木栈道可以采取防腐木，木纹效果好，可以抵御雨水侵蚀，渗透性能好。环磁湖绿道现有的部分路段中缺乏骑行道路，可以通过增加水上栈道，拓宽现有的步行道路改为骑行道路，建立更为立体、功能更加齐全的慢行空间。慢行道路采用自行车与步行道结合的方式，依据地形而建，慢行道路可以细化为滨湖游步道、沿湖健身步道及环湖自行车道。

五、服务设施优化

环磁湖绿道现有的服务设施包括各类驿站建筑、游憩标识系统、游憩休息设施、卫生设施。现有的驿站建筑主要分布于磁湖路段、磁湖北岸在团城山公园、桂林路的现有管理用房。桂林路沿线具有风格统一的指示牌，绿道沿线有木质座椅。桂林北路绿道沿线具有秋千等游乐设施，磁湖路段亲水平台上有多个水上建筑。磁湖北岸沿湖路段的地面材质主要是青石板铺地，沿水铺设木栈道。磁湖路段部分沿湖区域未设置护栏。

（一）驿站建筑

绿道的场地主要由休息设施及驿站组成，是游览者休憩使用的停留空间，也是慢行空间的重要组成部分。绿道场地在有限的空间尺度内设计需要突出景观特色的营造，在设施与建筑的设计风格上保持一致并与环境相协调。从使用者的需求出发，利用构筑物以及植物景观划分出不同的空间，营造富有特色的绿道停留空间。绿道驿站的主要功能是休憩、游玩、餐饮及换乘，绿道驿站选址考虑周边是否具有自然景观资源及方便出行的交通设施。换乘驿站的选址应尽量接近公共交通，提高绿色出行率。绿道驿站的合理布局关乎绿道系统的运营，绿道驿站以服务为基本属性，绿道驿站的选址、布局、功能需要从游客的使用需求出发，考虑将停车、自行车租赁点、综合管理、商业需求融入其中。根据其功能包含一级驿站、二级驿站、三级驿站。将步行、车行、换乘功能有机结合，通勤换乘是绿道驿站服务中较为重要的一部分，因此驿站选址要考虑游客步行路程、骑行路程。通过绿道的人流量控制驿站规模，从不同群体的使用需求出发，绿道中人群活动可分为通勤、休闲健身、观光游览，人们会根据其使用目的展开相应通行流线与换乘的规划。交通换乘的区域一般人流量大，可设置一级驿站，辅助交通接驳，便于集散。绿道景观节点之间选用二级驿站串联，三级驿站如售卖亭可采取散点布置。因此，驿站的布局密度和驿站服务功能应根据游客通行量以及不同类型使用群体对服务存在需求差异来设置。

驿站的体量要根据游客人流量和使用需求设置，驿站规划布局上应综合考虑景观、商业等因素。绿道驿站规划按照绿道规划设计导则，一级驿站主要是供交通接驳，体量较大；二级驿站依托沿线景点进行设置；三级驿站可在绿道沿线灵活布局。在都市型驿站规划中，一级驿站间距为 5~8 千米，二级驿站间距为 3~5 千米，三级驿站间距为 1~2 千米。在郊野型驿站中，一级驿站间距为 15~20 千米，二级驿站间距为 5~10 千米，三级驿站间距为 3~5 千米。驿站规划中要尽量保留区域原生态环境，减少对自然环境的破坏与干扰，维护区域生态价值，不破坏驿站周围的生态环境，驿站建筑外观应选用地域性风格特点的建筑形态，可运用玻璃落地窗等手法，提高空间的通透性。

磁湖绿道团城山路段在团城山公园没有综合性驿站，公园内部在 1 千米之内有公共厕所。公园内林木葱郁，如果新建一级、二级驿站可能存在伐木的情况，破坏生态环境，所以一级驿站在设置的同时要考虑其所处的环境。团城山公园在不影响环境的前提下可以设置服务点，在团城山大门设置一级驿站，在海关、黄荆山入口设置二级驿站，在团城山公园设置休息亭。绿道驿站在规划建设时，同一范围内的绿道驿站在外观、材质上应当保障其整体的一致性，并能加深绿道整体给使用者营造的意境。与此同时，每个单独的驿站在设计时也应当兼顾其周边环境。驿站内部的装饰小品、外部的植物景观，都尽可能融入周边自然要素，植物种类也选择周边的乡土树种，使绿道驿站能够与周围自然景观融为一体，回归自然且能彰显特色。

（二）标识系统

标识系统也是服务设施的一部分，分为命名标识、导向标识、科普标识、警示标识，分别置于不同的绿道空间。导视系统的设计主要包括材质、形态及摆放的位置，导视系统主要包括方向标示牌、地面标识、警示牌、区域引导图等，主要通过符号元素传递信息，导视符号中的视觉引导不仅要满足本地游客的需求，还要满足外地甚至外国游客的需求。针对不同的绿道和不同的公共空间如道路、公园广场、停车场时，导视系统的设计需要根据不同的场地进行设计，对人流量、交通流线等多方面的因素加以考虑，并考虑不同的特色主题、文化底蕴等，这样才能引导人们去不同的公共场所进行各种文化交流、娱乐活动等。

在环磁湖绿道中，进行视觉导视系统的设计分析时，需要从色彩、材质上进行具体研究，在对空间环境进行实地调研后，结合游客的旅游路线进行规划设计。在进行视觉导视系统设计的时候，要对文化、历史进行挖掘，并进行延展性设计，使导视系统能在绿道公共设施中成为点睛之笔，为旅游发展起到积极的引导作用。

导视系统的位置首先要选择方便出行，易于观察到的区域，在慢行道的出入口、驿站出入口、紧邻各类道路、广场公园处及绿道附近公交站点，绿道应结合当地的人文及自然文化景观，融合不同的资源特色，挖掘黄石磁湖地区的文化内涵。设计的重点在于借用某些具有表征意义的视觉符号来表达某种情感；或是对传统元素进行创新，在现代设计中植入传统的文化符号，创造出新颖的视觉表达形式。绿道公共信息指引牌的主要内容包含线路名称、附近公共服务设施、景观中英文名称及到达所需要的里程数等。公共信息指示牌的整体内容要求清晰、信息准确全面，便于识别。可以按照场地属性将导视系统分为一级导引、二级导引、三级导引和多级导引。一级导引位于绿道入口处，应包括4道总平面图。二级导引放置于景点入口处，指引前方景点。三级导引置于绿道沿线，为单向指引。多级导引置于多向交叉路口，指引多处方向。指示牌的材质可以选择木材、不锈钢等。不同的路段造型上可以有所区别，如团城山段动植物种类丰富，导视系统可突出生态性，指示牌可以以花鸟造型为主；磁湖南段为现代都市风貌，导视系统以简洁的现代风格为主。健身跑道和自行车道应设有相应的地面图标。

按照指引内容的不同，可分为以下四种。

1. 绿道出入口导向牌

出入口导向牌主体内容包括绿道总平面图、线路名称、导视牌编号、出入口名称、绿道方向等。标识符号能清晰地反映绿道的起始。一般设置在绿道主线路的出入口端点，绿道线路连接线起始点。

2. 安全警示牌

安全警示牌主体内容包括绿道标志、线路名称、禁止图标、警告图标等。禁止图标包括禁止通行、禁止明火、禁止游泳、禁止垂钓等图标及中英文。

3. 绿道方向指引牌

方向指引牌主体内容包括绿道标志、线路名称、导视牌编号、绿道线路方向、线路辅助信息等。通过标识符号能清晰地反映绿道内的行驶方向、道路状况。绿道线路为市政道路，绿道线路之间有交叉情况时，道路两侧均需要设置方向指引牌。

4. 景点说明牌

景点说明牌主体内容包括景点名称、图标及说明文字等，以达到教育宣传与文化启示效用。整体内容要求图标生动、文字信息简洁、通俗易懂。设置位置一般在景点入口与绿道线路交会处。在景点指示牌的设计中加入景点的特色元素，让指示牌更加生动富有趣味性。团城山公园景区的指示牌顶部采取鸟类造型，象征生态与自然共生，桂花湾广场以桂花的花瓣作为指示牌顶端造型，形象生动，景区指示牌上有地图及景点方位指示，采取原木材质，能与自然环境更好地融合。

（三）游憩设施设计

绿道两侧设置休闲驿站，便于游客逗留观景，可采取防腐木或石材材质，呈带状沿绿道分布，根据人流量适度增加布设密度，搭配自然花草融入自然景观，造型简约、醒目但不突兀。

卫生设施包括垃圾箱、饮水器、公共厕所及洗手器等。在服务设施的选址上靠近交通节点、人群集中区域，合理安排卫生设施，不仅能满足人们对整体环境视觉上美的需求，而且是人们在公共活动中身心健康的必要条件。以公共厕所为例，其设计应满足以下要求：公共厕所的外形尽量美观，可与驿站风格一致，使用木材、毛石等地域性材料，对于现有的公共厕所外立面可做提升。如团城山生态园西侧的公共厕所外墙颜色过于醒目，影响美观，可用藤蔓植物加以美化。因垃圾桶多设于室外，常年受日晒雨淋的侵蚀，故要做到防雨防晒，设排水孔，避免制造新的污染源，采用分类垃圾桶。

公共服务设施的设计从游客的生理、心理及行为特征进行考虑，另外还需要考虑特殊人群的无障碍设计。在坡道、台阶、扶手、栏杆、建筑物出入口等处应注重特殊人群使用的功能设计。通过无障碍设计可将环境的不利因素降到最小，即使对行动方便的人也更加舒适。

座椅也是游憩设施的一种，座椅的摆放位置和朝向不同，人们看到的景象就会不同。绿道中的景观座椅有多种形式，如台阶式，在临湖或有坡的地形设置可坐的台阶，台阶的线条和绿道线性空间不谋而合，周围布置绿化，起到美观效果。树池座椅在绿道中也经常出现，这种形式空间利用率高，在夏季大乔木的遮阳效果好，树池座椅受到大家的喜爱。树池内一般栽植时令花卉或者草坪，既美化了座椅四周环境也兼具实用性，是一种节约空间的座椅形式。座椅还可以和廊架相结合，在绿道上方设置廊架，结合藤蔓植物，夏季为游客提供遮阳空间，廊架以木材、石材、钢筋混凝土、钢结构为主要材质，既分割了景观空间，也起到联系空间、丰富空间的作用。廊架上的藤本植物，在夏季遮阴效果特别好，建筑体与景观植物完美地融为一体，成为绿道一道亮丽的风景。廊架设置在广场节点或绿道沿线，具有良好的遮阴效果。

六、绿道详细设计及优化策略

（一）分段景观提升

磁湖绿道处于山水环绕的景观格局之中，整个大的景观环境非常好，现有景观考虑了一定的植物造景、景观构筑物设计以及景观文化元素的应用。对于景观节点的亮点打造还可以继续深化。滨水绿道规划首先要考虑交通，骑行和人行最好分行，人行步道宽度不小于 1.5 米，自行车道宽度不小于 3 米。绿道保证线路畅通，避免机动车进入绿道。城市滨水绿道不能改变湖泊河流的自然形态，保护绿道内的自然地形地貌，尽量保护原有植物，可结合海绵城市的建设要求，提升绿道内涝调蓄功能。滨水绿道应突出水景，打开视线通廊，通过架起的形式，在水上新建水上栈道，能使视野更加开阔。

黄石环磁湖绿道总长 49.45 千米，磁湖绿道现有磁湖北岸、磁湖南岸、城山段，其中磁湖北岸绿道包含团城山路段、桂林北路段、磁湖路段、湖滨路段、情人路段、杭州东路段。团城山路段主要是保留已建成现有绿道，发挥山体景观的特色，增加樱花林面积，在山林间铺设栈道，设置休息观景平台与下山步道，增设骑行高架，绕山体环行。团城山公园内部的生态广场为该路段的重要景观节点。该路段还应在植物造景上有所提升，可以在广场南面新建二级驿站，以满足商业、休憩、自行车租赁的需求。桂林北路段，保留现有大乔木，增加挺水植物，拓宽原有栈道，新建 4 米宽的自行车栈道，形成开阔的观湖栈道。在驳岸护坡硬质挡墙处增加藤蔓植物，保留现有大乔木，中层增加观花灌木，下层增加花卉组合。磁湖路段主要景点有桂花湾广场和矿文化展示区。桂花湾广场通过采用水上栈道的方式满足步行、骑行等多种需求。矿文化展示区通过增加护栏，满足步行、骑行、驻足停留的需求。该路段以自然群落植物为主，在临水驳岸增加池杉，搭配千屈菜、鸢尾等植物，在临水绿地增加花境及地被植物。杭州东路段存在人行和自行车混行的情况，该路段中的两座桥上无自行车道，拓宽桥面左右两边，作为自行车道，增加宿根花卉，以芦苇、鸢尾、千屈菜为主，打开视线通廊，透出湖景。

磁湖南岸绿道，以现代风格为主，结合铁路文化元素，通过架起、拓宽等方式打造复合型生态湖滨绿道。湿地段地处湿地公园，现状自然条件较好，水生植被丰富，周边配套设施齐全，是环磁湖的一级绿道，以及环磁湖重要的景观节点和黄荆山登山步道的换乘点。都市段、黄石托尼洛·兰博基尼酒店段可以增加酒店一层功能，如亲水茶吧、户外婚礼，可在此设置换乘点，提供共享资源。磁湖小学段考虑早晚高峰，采取机动车限行，增加人行步道。澄月小区段，保留澄月小区段的环湖路车行道的功能，行人走滨湖步道，实现行人、自行车分行。

城山段绿道为山体绿道，可沿着山体建立环山步道及自行车道，打造山体绿道和空中连廊的立体垂直绿道景观。

（二）门户景观设计

门户景观作为绿道中兼具实用和美观的功能，是绿道对外展示的窗口，也是解决绿道周边交通、人流集散的重要空间，起不可或缺的作用。门户景观包括驿站建筑、停车位、集散广场、绿地景观，其中驿站建筑一般为一级驿站，解决售卖、休憩、停车等功能。门户景观的规划首先考虑其功能性，如交通、集散等功能，有些门户景观还具有交通换乘的功能。其次考虑其美观性，如何因地制宜地突出区域文化，同时与自然融合，总体而言，门户景观是集功能与人文内涵于一体的生态型复合空间。

黄石环磁湖绿道规划的门户景观，分别为团城山大门、湖滨广场、皇姑揽胜、都市城市公园、柯尔山广场。团城山大门、皇姑揽胜、湖滨广场位于磁湖北岸，主要是矿山文化的展示，都市城市公园位于磁湖南岸，以现代风格为主，柯尔山广场位于磁湖西岸，以柯尔山为背景，将城市驿站、城市街头休闲绿地、城市公共交通功能等综合因素在场地内进行融合，形成新的城市公共空间。

（三）优化设计策略

1.绿道的宽度、高度和走向设计

绿道降污染的能力与绿道宽度、高度和疏密有着密切的联系。一般而言，工业区与居民区之间的卫生防护林带需要较大的宽度，如印度西海岸石油精炼厂与生活区的绿化带宽度达 500 米。而对于风沙防护林、卫生防护林带则最好分成宽度适中的林带，如日本新宿御苑绿化隔离带，在绿道宽度为 50 米段，滞尘效果最佳，当绿道宽度过宽时，滞尘效果不佳。这是由于大型林地缀块内部风力弱，过宽的林带后半部的气流常常会处于静止的状态，将起不到过滤和净化污染物的作用。

从噪声消减的理论可知，道路两侧绿带宽度以 40 米为最佳，这样的宽度还可以达到较好的大气净化效果，但城市道路绿带往往达不到以上宽度，这时应尽可能采用乔灌木和常绿树组成浓密的绿色屏障以产生最大的防护效果。

由印度西海岸石油精炼厂实例可知，绿道防治污染效果与植被的高度有关。在噪声防治研究中，当林带的高度为 H 时，距离噪声源 5H 的距离内，噪声防治效率最高。绿道防治污染效果还与绿道走向密切相关，当绿道与污染源垂直时污染防治效果最佳。

2. 绿道结构层次的设计

通常情况下，绿道能否有效地发挥其功能与两个因素有关：一是绿地在整个绿地系统中的空间位置；二是绿地的内部结构。不同结构类型的绿道其防污染能力不同，通常情况下，绿道的层次越丰富、绿量越大，防污染效果越好。首先，绿道网络的结构层次越复杂，绿量越大则意味着在垂直空间上有更大的叶面积和阻挡面，对气溶胶状物质的阻滞作用更强。其次，绿量越大，叶面积越大，对大气污染物的吸收及转化能力也就越强。最后，复层结构的绿地底层的草地、灌木可以完全覆盖地面，上层乔木可以降低风速，覆盖滞尘效果更佳。因此，丰富绿道网络的结构层次，注重垂直绿化，提高林灌草复合型绿地面积的比例是提高绿道网络防污染能力的重要措施。

3. 植物栽植设计

在栽植方面，绿道应主要选用乡土植物。乡土植物是经过自然长期选择的结果，具有良好的抗逆性和抗耐性。选择适于本地条件、结构合理、层次丰富、物种关系协调、景观自然和谐的植物群落，利用植物群落组成、内部结构与功能关系，构建单位空间生态功能最大、稳定性最好、维护成本最低的最佳植物群落。对于污染程度较高的情况，必须合理利用具有抗有害气体和滞留粉尘的乔木、灌木、地被、草坪等多层的垂直配置，提高绿量及群落稳定性。植树密度应适中（疏透结构），植物稀疏除尘率低，太密则气流不易深入林内而从上空翻越，使降污效率下降。

第四节　美国波士顿公园设计案例

一、项目概况

波士顿公园体系不是一个单独的公园，公园道以及流经城市的查尔斯河巧妙地将分散的各个块状公园连接成一个有机整体，"翡翠项链"的美名也由此而来。公园系统建设历时17年，将波士顿公地、公共花园、麻省林荫道、滨河绿带、后湾沼泽地、河道景区和奥姆斯特德公园、牙买加公园、富兰克林公园和阿诺德植物园这9个公园或绿地有序地联系起来，形成了一片绵延16千米、风景优美的公园绿道景观。

在波士顿公园体系核心组成部分中，波士顿公园、公共花园和麻省林荫道是利用波士顿原有的公共绿地改造而成的各具特色的景观地带。波士顿公园横卧于波士顿城市中心，采用自然式布局的树木和草坪营造出一片自由清新的田园风光。在公共花园建设了美国第一座公共植物园，贯穿全园的法式中轴线、中部的天鹅湖、湖上的法式吊桥以及主入口处竖立的华盛顿雕像，这些风格鲜明的设计，使其成为一处独特的国家历史地标。麻省林荫道则是一条连接公共花园和后湾沼泽地的法式林荫大道，这里也是整条翡翠项链上最狭窄的一环，道路两旁立着许多雕像和纪念碑，形成足以与巴黎林荫大道相媲美的景致。

河道景区、后湾沼泽地和牙买加公园这三处在进行景观建设的同时强调城市水系的综合治理，着力解决城市防洪和水质污染等问题。河道景区对浑河水域进行了一系列环境改造，治理河道，加强绿化，修建石桥和沿河小道，以供人们沿河休憩观赏、散步骑车等。后湾沼泽地则在设计师精心的改造下，从原本浑浊不堪、遍地垃圾的沼泽地摇身一变，成为一座草木葱茏、小桥流水、芦苇摇曳的自然公园，这一派难得的乡野风光吸引许多人群前来，或静观清流，或幽径漫步，或桥边小坐，好不自在惬意。牙买加公园是波士顿最大的一片天然湖泊——以牙买加湖为中心设计建造的，沿湖点缀着几处暗红色的哥特式建筑，这里是人们划船、钓鱼的绝佳选择。

相比之下，余下几处公园则是以游赏为主，其中以富兰克林公园规模最大。这座以美国著名科学家、政治家富兰克林之名命名的公园也是波士顿最大的公园。这座公园最突出的特色是通过具有野性、粗犷、质朴和如画特质的景观元素最大限度地还原乡野景色，从而为公众提供了一个自由进行户外活动，充分享受自然美景的地方。

二、经验借鉴

（1）保留自然景观，并致力于实现工业社会中城市、人与自然三者之间的和谐共生。这一规划有效缓解和改善了工业化早期城市急剧膨胀带来的环境污染、交通混乱等弊端，为市民开辟了一片享受自然乐趣、呼吸新鲜空气的净土。

（2）公园系统连通了波士顿中心地区和布鲁克莱恩地区，并与查尔斯河相连，将大量的公园和绿地有序联系在一起，形成一个完整的体系，改变了城市的原有格局，构建了波士顿引以为傲的城市特色与风貌。

（3）"翡翠项链"不仅巧在设计，更是美在情怀。在整个"翡翠项链"的景观设计当中，奥姆斯特德打破传统意义上的园林设计方法，将一系列不同类别的园林景观的规划设计均置于为公众服务这个大前提下，使其成为供城市居民休闲娱乐、亲近自然的开放场所。至此，园林景观不再是少数贵族的专属，而是服务于广大人民的真正意义上的公园，从而对波士顿乃至美国的民权运动都起到了巨大的推动作用。

第五节　新加坡榜鹅滨水绿道设计案例

一、项目概况

　　新加坡榜鹅滨水绿道是新加坡市区重建局"园林与水域计划"的一个项目，设计公司为 LOOK 建筑事务设计所，在国际曾获得多个大奖。设计团队花了四五年打造滨水绿道，模仿过去榜鹅乡间积水莲花婀娜生长的风貌，特别在衔接步道的榜鹅公园里设置了两个巨型莲花池，在保留榜鹅昔日纯朴风情的同时，给人耳目一新的感觉。诗情画意的榜鹅滨水绿道，不只受榜鹅居民的欢迎，也成为游客喜爱的休闲地。

　　4.9 千米的步道突破材料限制，将美观与实用合为一体的创意设计，获得芝加哥文艺协会的建筑与设计博物馆和欧洲建筑艺术与城市研究中心联合颁发的国际建筑大奖。步道的选材是整个建筑工程所面对的最大挑战，考虑到若采用热带硬木，每隔 5 年就得更换，并不环保，因此设计团队选用一种由玻璃纤维混凝土构成的模拟木材，将它倒入木材倒膜中制造木材的纹理，使步道既保有纯朴风味又实用。

二、经验借鉴

　　（1）强调绿道的使用功能，使用经久耐用的金属作为亭子的选材，在尊重自然生态的前提下，保留场地历史风貌，加入实用现代的设计，在自然生态步道中又不失现代感。

　　（2）生态材料的选用，慢行步道选用由玻璃纤维混凝土构成的模拟木材，并利用木材倒模制成木材纹理模具，使步道更显生态自然。

　　（3）注重文化景观的塑造，保留榜鹅镇具有历史风貌的人行桥、步道墙绘，展示榜鹅的历史变迁，在公园衔接步道中设置两个巨型莲花池，表达乡间水中莲花的美丽形态。

　　（4）景观细部设计体现了人性化，绿道中的指示牌和标识清晰易识别，并设置无障碍通道，利用缓冲植物带隔离滨水区，为骑行者提供安全的慢行空间。

第八章　网络及交通网络概述

由于交通网络优化是基于网络图来解决交通领域的问题，而网络图又是在图的基础上，附加了若干表示现实意义的一些属性参数，所以本章先给出传统意义上的网络图定义、网络图相关知识、网络图应用研究现状以及发展动态，在此基础上，对交通网络研究现状及公共交通网络研究现状做一介绍。

第一节　网络应用基础理论

一、网络图定义及相关知识

（一）图与网络图定义

1. 图的定义

一般的图都具有两个要素，即点和边。把现实问题抽象为图的方法是：用点表示现实中的对象，用边表示对象和对象之间的关系，若对象和对象之间有关系，就用边把表示对象的点连接起来。

用自然语言来描述就是：图是由表示具体事物的对象（顶点）集合和表示事物之间的关系（边）集合组成的。例如，针对铁路网，边表示区段，顶点表示区段间的车站；针对城市道路网，边表示道路，顶点表示交叉口。

2. 网络图的定义

在图的定义中，对边所表示的关系没有进行量化，即对象之间的关系是何种关系、关系的程度又如何等都没有系统的涉及。

为了更深入地利用图来解决现实中的问题，就需要对图中的边甚至图中的点进行量化。也就是说，只要现实中的问题具有可描述的对象，而且这些对象之间存在一种关系，那么对这种关系就可以进行量化，即把现实中的对象和关系描绘成图以后，在图的基础上，把图中的边或点赋上表示一定意义的数量指标，这样就可以把现实问题通过图转化成网络图。网络图和图最大的区别在于网络图具有表示一定意义的参数。

至于网络图，现实生活中很普遍，如交通网、公交网、水网、管网、电网、信息网等，针对不同的现实问题，网络图参数就有不同的内容、不同的意义等。

（二）网络图相关知识

在图的基础上，图中的边以及图中的点进行量化后产生的网络图会有不同的形式。形式的不同，刻画现实问题以及解决问题的内容和方法就会不同。研究网络图的目的就是如何利用网络图来解决现实问题，根据网络图参数的不同，网络就有不同的应用。

研究网络流优化问题具有一定的现实意义，如交通系统中的车流、金融系统中的现金流、控制系统中的信息流、供水系统中的水流等，针对这些系统，有时需要考虑在既定的网络图中能通过的最大流量是多少，这就产生了网络图的最大流问题；有时需要考虑在满足成本最低的前提下，使网络图承载一定的流量，这就产生了网络图的最小代价流问题；有时也需要考虑在满足成本最低的前提下，使网络图通过的流量达到最大，这就产生了网络图的最小代价最大流问题。

二、网络图应用研究现状以及发展动态

网络图问题是图论中的核心问题，在针对网络图的诸多研究中，大部分集中在复杂网络问题、最短路问题、最大流问题、最小代价流问题及网络拥塞问题等几个大的方面。

（一）复杂网络问题

针对网络图问题的研究，基本遵循从静态网络到动态网络、从随机网络到复杂网络的进程。自 20 世纪 80 年代中期以来，各国学者针对复杂网络统计特性、结构模型及发生在网络上的动力学行为等进行了一系列科学研究，但在早期的研究中，对复杂网络结构的描述大多遵循随机网络模型，自瓦茨等提出小世界网络模型以来，网络研究的焦点出现了一个重要变迁，即从对单个的包含顶点数较少的简单网络图及图中个体顶点或边的属性分析，转变为对包含大量顶点数的结构庞大的网络图统计属性进行研究，直到1999 年，艾伯特等发表了万维网的无标度特性理论之后，各国学者发现在社会、科技、生物网络、交通网络等广泛存在节点间不平衡、具有高聚集性以及小世界现象等无标度网络的共性，从而在学术界对复杂网络的相关研究引起了高度重视。复杂网络是近年来在诸多领域中的一个研究热点，在过去几年，复杂网络的研究得到了迅速发展。复杂网络的拓扑特征源于其内在的演化生成机制，复杂网络的研究为人们提供了新的思维，因此针对复杂网络的研究也受到我国学术界的特别关注。随着对复杂网络特性的认识，近40 年来，我国许多专家学者对复杂网络进行了大量的研究工作，从而为网络的应用奠定了深厚的基础。

（二）最短路问题

针对最短路问题，经典的研究结论主要有 Dijkstra 算法、Bellman-Ford 算法以及 SPFA 算法等，这些算法是许多更深层最短路算法的基础，但面对实际应用背景中的具体问题，直接使用这些算法已不能解决有约束条件的最短路问题，所以在这些传统算法基础之上，许多专家学者构造了基于约束条件的其他可行的最短路算法。笔者在过去的研究中，通过对约束条件的分析和分类，结合具体的约束条件，对 Dijkstra 算法进行了利用和简单的改造，针对交通网络最短路问题构造了 5 种最短路求解算法。

（三）最大流问题

最大流问题的最经典算法是 Ford-Fulkerson 算法，网络图最大流问题和它的对偶问题以及最小截问题是经典组合优化问题，在许多学术和应用领域有重要的应用。目前，网络图最大流问题主要有组合算法和线性规划算法两大类，按照剩余网络中推进流方式的不同，组合算法又划分为增载轨算法和预流推进算法。增载轨算法基本包含标号算法、阻塞流算法以及最短增载轨算法等；预流推进算法基本包含阻塞流算法、推进重标号算法以及二分长度阻塞流算法等。在线性规划算法中，最大流问题是特殊的线性规划问题，利用其特殊性，可以推出比一般线性规划算法更为有效的算法，如网络单纯形法、网络内点法等。在传统算法基础之上，许多专家学者构造了流量最大化分配的其他算法。面对实际应用中出现的条件限制等问题，在传统算法基础之上，笔者也在过去的研究中，针对交通网络构造了面向交通网络流有限制的几种相关算法。

（四）最小代价流问题

针对最小代价流问题，经典的算法是 Ford-Fulkerson 算法。其他专家学者研究的算法有网络单纯形算法、连续最短路算法、松弛算法、消圈算法、原始对偶算法、瑕疵算法等。这些算法可以解决流量无约束的最小代价最大流分配问题，即对于关联节点之间的流量没有任何约束条件的网络图进行最小代价最大流分配。笔者在过去的研究中，基于连续最短路算法思路，结合两个节点之间的流量有具体的要求和约束条件时，针对交通网络构造了约束条件下的最小代价最大流分配算法。

（五）网络拥塞问题

由于网络图中流量流动的随机性以及网络自身结构等因素，流量的分布呈现多样性和随机性，所以流值一样的流在网络中的流向分布也不尽相同，但随着流量的变化或流量的局部集聚等，拥塞现象就会发生。拥塞现象是网络图运转时常见的问题之一，网络图拥塞分为局部拥塞和全局拥塞。在网络图拥塞领域中，出现的拥塞现象是传统网络流理论无法解决的，所以对网络图拥塞问题的研究具有一定的理论意义和应用价值。拥塞流理论研究的是网络流非确定性及随机性问题，是网络流理论新的分支，也是网络流研究发展过程中的前沿领域。目前，关于拥塞流理论的研究还不多，有关网络拥塞流的概念最早出现在 Dintiz 算法中，尽管拥塞流是求解网络最大流过程中的过程解或过渡解，但相应的一系列拥塞流算法也是为了能有效求解网络的最大流，所以对网络中拥塞流作为可能的流态分布还没有进行更深入的研究。一些学者在区分流的主动拥塞控制的研究中，可以有效地改善由少数高速流造成的拥塞状况，保证队列长度的稳定，但仅考虑高速流的存在时间而采用同样的增量是不完全的，而且没有考虑自身的不同，同时流量的增量随着时序的推移，会动态地发生改变。有的学者尽管对网络防拥塞问题做了分析和研究，取得了一定的成果，但在该研究成果中，还没有从现实流量态势的角度出发。另外，该研究内容只是以容差为基础对网络均衡做了定义，还没有从流量分布的畅通程度或拥塞程度来界定和完善网络均衡问题。在实际应用的网络中，某些局部拥塞发生时，流量可能自动调整，针对网络拥塞问题，如何规范网络流量的流动是研究的重点。针对完全平衡网络不会发生全局拥塞，但会发生局部拥塞，也有研究人员对网络结构的最大流进行分析，并找到了拥塞原因，加强了网络的可靠性，这些研究也给拥塞流理论的实证研究提供了一些有价值的尝试。笔者在前期的研究中，基于 Dijkstra 算法寻找最短路以及连续最短路算法调整流量的思路，在流量发展态势的预期流量、扩能代价最低以及尽可能对拥塞程度高的线路扩能三个前提条件下，设计了交通网络扩能优化的算法，但仅针对扩能问题做了简单分析和研究，也没有对分流的深层次问题进行深入系统的研究。

（六）网络图研究发展动态

针对网络图的研究，基本遵循从静态网络到动态网络、从随机网络到复杂网络的进程，其研究重点主要集中在复杂网络问题、最短路问题、最大流问题、最小代价流问题以及网络拥塞问题等几个方面，可以说，这些传统和经典的研究结论很成熟，而且研究成果得到了一定的应用。随着理论和实际应用的需要，对网络图的研究有了新的深入，尤其是对网络图瞬时状态的研究有了转变，有的研究把流量饱和状态作为网络流通性的重要参数，也提出了流变换、流分解、流校正、流搜索等新思路。另外，对网络中流量的构成也有了基本划分，诞生了多品种流、预流推进、组合应用以及流匹配等新的概念和方法。基于这些新的理论和学术思路，需要研究基于时序的流量饱和度波动状态，从而预测和推断拥塞流形成的前因，深入分析和研究网络图形成拥塞的趋势。

第二节 交通网络应用基础理论

一、交通网络研究现状

（一）利用复杂网络理论研究城市交通网络问题

利用复杂网络理论研究城市交通网络，可追溯到 2002 年 Latora 和 Marchiori 对波士顿地铁网络小世界效应的初步分析，复杂网络的实际形态多种多样，其中分配型的技术网络包括航线网络、道路网络、铁路网络及步行交通网络等，其中 Amaral 等学者在2000 年研究了航空网络拓扑结构。这些相关研究成果，大部分是针对城市交通网络的静态特性进行的计算和统计分析，虽然可在一定程度上揭示交通网络拓扑特性，但对于如何发挥交通网络的动态特性、如何利用交通网络衍生变化等问题的分析明显不足。交通网络具有复杂网络形态的同时，具有许多复杂系统的其他结构形态，随着对复杂网络研究的兴起及对交通网络研究的深入，利用复杂网络理论来研究交通网络成了必然趋势，运用复杂网络统计特征以及研究方法等理论来分析交通网络，也对交通网络的研究提供了一个全新的思维。近几年，基于时间的交通网络动态模型受到了广泛关注，这些研究内容消除了隐性或不确定的因素，也适合于交通网络的动态分析，许多专家和学者在研究中利用复杂网络理论研究了城市交通复杂性问题，提出了一些关于城市交通网络复杂性问题的研究方向，从而为城市交通网络的研究方向提供了宝贵的思路。

（二）交通网络平衡问题

交通网络平衡问题是确定交通网络合理利用的基础。Wardrop 在 1952 年首先研究了道路交通网络单物流、单指标的网络平衡问题，并在"利用者优先"思想下提出了Wardrop 平衡原理。利用 Wardrop 原理，可将交通网络平衡问题转换为一个变分不等式来处理，从而利用网络平衡流对网络图上的流量进行合理调整。此后，Quandt R E 和Schneider M 建立了双指标交通网络平衡问题；Dial R B 进一步发展了这个思想，提出了不拥塞网络平衡模型；Dafermos 提出了拥塞效应，研究了多类物流、双指标的交通网络平衡问题，并利用加权标量化方法推出一个求解平衡流的无穷维变分不等式公式。在 20世纪 80 年代以前，交通网络平衡问题的研究只考虑单一因素，但在实际问题中往往需要考虑多因素、多指标等，此后一些学者在研究中提出了多指标网络平衡问题的向量平衡原理，并研究了向量平衡原理与向量变分不等式解的等价性，在此基础上，国内许多专家学者对交通网络平衡进行了大量的研究。

（三）交通流量分配问题

交通流量分配是城市交通网络规划、设计及优化的关键问题，交通流量的分配体现城市的交通需求与交通网络的相互作用与影响。传统的交通流量分配是以 Wardrop 均衡原理为分配原则而展开的，目的是稳定交通网络的状态，即交通网络上的交通流量趋于稳态，但在实际的交通网络中，需要考虑交通系统最优、动态交通网络以及非均衡交通网络的交通流量分配等问题。

（四）交通网络拥塞问题

拥塞流动是交通网络中常见的现象，而交通均衡理论是在理想状态下假设交通网络没有发生拥塞，即没有考虑交通网络系统拥塞情况，所以将之应用于拥塞交通网络还存在若干问题。针对交通网络拥塞现象，一些学者对拥塞流理论以及在城市交通拥挤特征及疏导决策分析中对交通网络的特征、设计以及运行控制做了研究，同时一些学者在拥塞交通网络模型和增强拉格朗日乘子算法中研究了拥塞交通网络交通流状态的特征及求解的方法。另外，一些学者在交通网络流模型新梯度方法中，对容量制约下交通网络流模型也进行了研究。拥塞交通网络的大量研究成果，对交通网络规避拥塞问题的研究有一定的借鉴作用。

二、公共交通网络研究现状

（一）国内研究现状

20 世纪 80 年代中期，兴起了针对复杂网络统计特性、结构模型以及发生在网络上动力学行为的科学研究，随后，对复杂网络的相关研究引起了学术界的高度重视，同样也受到了我国学术界的特别关注。

在我国，从复杂网络结构形态出发研究公交网络始于 20 世纪 80 年代，如 1982 年，长沙市开展了"公共交通系统优化工程"工作，针对公共交通调查、需求预测、线网设计及优化、调度优化和网络流分配等方面从系统工程和数学模型方法的角度进行了一定程度的研究；到 20 世纪 80 年代中期，较早进行这方面研究的学者比较系统地分析了城市公交网络优化问题的模型和方法；同时，也有一些专家学者根据不同约束提出了不同的公交线网优化模型，这些集中于数学寻优法模型为公交网络规划和优化奠定了一定的基础。

公交网络具有复杂网络形态的同时，具有许多复杂系统的其他结构形态。20 世纪 90 年代初期，学者通过对统计量在实际公交网络中物理意义的分析，对可能造成公交网络和复杂网络差异性的原因进行了大量研究；1992年，有的学者基于人工智能理论，引用启发式算法，从每对端点搜索出满足有关约束条件的备选线路，按照二进制理论将备选线路进行组合，形成优化的公交网络，然后通过评价、比较，确定出最优方案；同时，有的学者在扩展 Ford-fulkerson 算法的基础上，提出了公交线网的多条最优路径算法。到20世纪90年代末期，一些专家学者针对公交网络优化提出了许多新的模型和算法，也提出了以乘客总出行时间最小、客流直达率最高、线网覆盖率最高、线路重复系数最低、公交经济效益最高为目标的多目标公交网络优化模型，但这种多目标优化模型无法求解，最终归结为单目标的优化模型；1999年，一些研究者开始从组合优化角度，提出了公交网络优化设计的非线性 0-1 规划模型，以乘客出行时间最短和实现公交网络资金投入最少为目标函数，在满足容量限制条件下，获得公交线路的优化决策；2000年，有学者从考虑 OD 对之间的弹性需求，对公交 SUE 配流模型进行了扩展，也提出了用双层规划模型来描述连续平衡公交网络设计问题；2001年，有学者利用变分不等式研究了 SUE 配流模型中的弹性需求问题，同时讨论了多用户 SUE 配流模型等，但因为公交网络的特殊性以及公交配流本身的复杂性，在进行公交平衡配流时，需要考虑网络结构、线路参数、OD 需求和乘客行为等许多因素，所以以上这些模型中有相当一部分并不能直接应用于实际中的公交平衡配流；2002年，有专家学者提出一种相对比较实用的公交网络逐条布设方法，这种方法以直达客流量最大为目标，利用"逐条布设，优化成网"的思路对公交线网进行优化，这种"逐条布设，优化成网"的思路，对许多研究人员的研究起到了很大的启发作用。

随着城市公共交通问题的日益突出以及专家学者对公交网络具有复杂网络特性认识的深入，于2004年4月在无锡、9月在杭州召开了全国范围的研讨会，掀起了复杂网络研究的热潮。许多专家学者在2005年针对城市公交网络的无标度特性及密度分布指数做了研究，并以北京市公交网络为例完成了实证分析；2009年，有些学者利用图论的研究方法，利用复杂网络理论与 Pajek 可视化网络分析软件，根据三种不同建模方法实证研究了南京市公交网络的拓扑结构特性。

近40年来，我国交通领域的科研人员和公共交通部门等在公共交通系统规划领域尤其是针对公交网络进行了大量的研究工作，如公交线网优化、乘客流分配方法、公交枢纽、站场、换乘、定量预测、公交系统评价方法、公交系统工程与改建等。

（二）国外研究现状

国外专家学者对城市道路交通网络和运输系统能力的研究较多，而对公交线路选定、公交网络设计及优化等问题的研究较少。对于城市道路网络，2002年和2004年分别有人提出了计算运输系统适应需求和交通模式变化灵活性的概念及方法；2003 年有学者研究了运输系统能力与可靠性和灵活性模型的关系问题；2005 年也有学者提出了较为先进的综合交通网络能力模型问题。对于公交能力的研究主要是以公交线路和公交设备能力作为主要的约束变量来分析和研究其相关问题。在线路选定及其应用方面，比较有代表性的是 1981 年出现的关于公交线频率方面的研究，它们是根据确定的需求利用一个供给模型或需求模型来确定各个公交线的频率，但没有考虑供需双方的相互作用，尤其没有对需方变化态势对公交网络的影响做系统深入的研究。在公交网络设计方面，20 世纪 80 年代初期，一些专家学者提出了一些富有建设性的模型和算法，但这些研究只是局限于单一线路设计和重新优化设计，而没有从整个公交网络的设计或优化设计出发，更没有考虑城市结构变化等因素造成乘客流流向变化的态势对公交网络需求的影响。进入 20 世纪 90 年代和 21 世纪初期，一些研究考虑了供需双方相互作用的问题，但这些研究都是基于各条公交线路的频率都是一成不变的，即间接地认为公交网络是静态的，因而得出的结论与实际应用需求具有一定的不可衔接性。这些相关研究成果，大部分是针对城市公交网络静态特性的计算和统计分析，虽然可以在一定程度上揭示网络拓扑特性，但对于发挥公交网络动态特性、利用公交网络衍生变化等明显不足。

近几年，基于时间的公交网络动态模型受到了广泛关注。如基于公交线频率方面的研究，与 21 世纪初期的研究相比，其研究内容消除了隐性或不确定的因素，能够更加准确地描述公交车辆的行为，也适合于公交系统的动态分析，但它们是在公交线路时间表给定的情况下单一地讨论公交系统的动态模型，而没有考虑时间表如何设定的问题，这样又忽视了乘客流流向变化的态势对公交网络需求的影响。

由于城市公交网络依附于交通网络，所以利用复杂网络理论来研究交通网络和城市公交网络成为必然趋势。2002 年，Latora 和 Marchiori 对波士顿地铁网络进行了小世界效应的初步分析；Strogatz 和 Albert 分别在 2001 年和 2002 年论证了城市公交网络构成典型复杂网络的必然性；此后，Sienkiewicz 在 2005 年以及 Angeloudis 在 2006 年利用复杂网络理论证实了城市公交网络的复杂性，对相关研究作出了有影响力的工作。另外，Ferber 等在 2005 年的研究中以柏林、杜塞尔多夫和巴黎 3 个城市的公交网络为研究对象，得出这些公交网络的节点度服从幂率分布；Sienkiewicz 和 Holyst 在 2005 年的研究中对波兰 22 个城市的公交网络做了分析，并详细统计了两种抽象方式下度分布、群聚系数、度的相关性等参数，论证了公交网络复杂的结构特性及其对城市交通的影响。

第三节　网络应用优化

一、网络优化理论研究范畴

从理论研究角度来分，可将网络优化研究分为基础理论研究、应用基础理论研究、专业应用理论研究。

（一）基础理论研究

利用图论中具体的、精深的知识，对网络图进行纯理论性研究，不涉及应用学科知识，不针对应用学科、应用领域进行研究，不针对具体应用领域或面向具体行业而进行的纯理论化研究。

（二）应用基础理论研究

利用网络图基本知识，再基于应用学科专业知识，进行专业基础研究，即利用网络图基本知识，针对应用学科、应用领域进行针对性研究，为应用领域或具体行业专业研究提供应用性的理论基础。

（三）专业应用理论研究

基于网络图基本知识、应用基础理论及应用学科的具体专业知识，进行纯应用型研究，主要是利用成熟的网络优化理论，针对应用学科、应用领域或面向具体行业进行专业性研究。

二、网络优化分类

网络优化既可以按照优化内容进行分类，也可以按照网络流属性进行分类。

（一）网络优化按照优化内容进行分类

从网络优化内容的角度来分，可将网络优化分为网络结构优化和网络应用优化。

1.网络结构优化

网络结构优化指的是需要改变原有网络图的结构布局，即改变或调整网络图节点的数目、边的数量或者改变调整边的连接关系。网络结构优化的目的是使网络结构更加合理、可靠，从而使网络应用更加高效、流畅。

2.网络应用优化

网络应用优化指的是不改变原有网络图的结构布局，即在原有网络图的结构下，采用某种方法、措施和技术等，通过改变或调整网络图参数，如改变或调整容量参数，或者改变或调整流量值或其分布状态，以使网络应用更加合理、流畅，使网络图发挥更大的应用效率。

在制订工程计划和实际实施过程中，不仅要把时间进度最优作为目标，有时还要考虑其他的目标最优。另外，针对一项工程，为了使特定的工序或整个工程提前完成，工程技术人员和管理人员还需要随着工程的进展等情况，不断调整或更新统筹图的网络计划，从而使工程提前完工，或者使工程总费用达到最低的预定目标，或者使整个工程始终不偏离各种资源的最有效利用等，这就出现了统筹图的网络结构优化和网络应用优化问题。针对统筹图的网络优化，调整或更新统筹图网络计划的组织措施和技术方法很多。

如果采取改变工序之间的关联关系来优化工程进度，就需要调整统筹图的网络结构，这就属于网络结构优化问题；同样地，如果作业方式上采取平行作业或交叉作业方法来缩短工期，也会调整统筹图的网络结构，这也属于网络结构优化问题。

另外，如果利用非关键工序的人力、物力和财力去协助关键工序，通过这样的协作来缩短关键工序的作业时间，就不会使统筹图结构发生改变，只是采取一定的组织措施和技术方法等。通过合理安排、得当调度来保证工程按期完成或提前完成，这就属于网络应用优化问题；同样地，采取给关键工序优先提供所需条件，或者缩短最经济关键工序的时间，以便节省更多的资源，这也属于网络应用优化问题。

二、网络优化按照网络流属性进行分类

针对现实的网络应用以及实际的网络流状态，按照网络流属性，还可以将网络分为单品种流网络和多品种流网络两类。

（一）基于网络流属性划分的网络

1.单品种流网络

所谓单品种流网络，是指网络中流的种类或者流量构成等不做具体划分，即把流量视作一个整体量值来进行网络应用或者网络优化等工作。

2.多品种流网络

所谓多品种流网络，是指根据实际问题的需要，将网络图中流的种类或者流量的构成做具体划分，甚至针对划分出种类的流量，还需要进一步把网络的其他属性如容量、代价等也要进行相应的具体划分，然后再进行网络应用、网络优化等工作来解决涉及的问题。通俗一点说就是网络中的流量甚至其他属性如容量、代价等，都可以按照实际情况划分出流量种类各自的分量。

传统的网络应用问题都是针对单品种流网络的，但在实际领域中，经常出现多品种流网络问题，尤其在交通运输领域，多品种流现象普遍存在，这就需要针对交通运输领域的多品种流网络问题进行应用基础理论研究，从而为解决实际交通网络相关问题提供应用基础。

（二）基于网络流属性划分的网络优化

基于网络流属性把网络划分为单品种流网络和多品种流网络，那么从网络优化内容的角度，同样存在单品种流网络优化和多品种流网络优化问题。

1. 单品种流网络优化

单品种流网络优化问题包括单品种流网络结构优化和单品种流网络应用优化。

2. 多品种流网络优化

多品种流网络优化问题包括多品种流网络结构优化和多品种流网络应用优化。

针对多品种流网络中流品种的多样性，对多品种流网络进行优化时要面临以下几种状态：容量无差异运送代价也无差异、容量无差异运送代价有差异、容量有差异运送代价无差异、容量有差异运送代价有差异。

第四节　交通网络应用优化

交通网络应用优化问题同样分为单品种流交通网络优化和多品种流交通网络优化问题。

单品种流交通网络优化问题同样存在单品种流交通网络结构优化和单品种流交通网络应用优化问题。

多品种流交通网络优化问题同样存在多品种流交通网络结构优化和多品种流交通网络应用优化问题。

本专著内容主要包含单品种流交通网络应用优化和多品种流交通网络应用优化的研究，或者说是针对交通网络应用优化的研究。

1. 单品种流交通网络应用优化

针对单品种流交通网络面临的具体实际应用问题，在传统算法基础之上，做了部分应用基础理论研究，主要包括以下几种。

（1）约束条件下的交通网络最短路径优化方法。

（2）交通网络转运点有容量限制的最大流优化方法。

（3）交通网络转运点有流量需求的最大流优化方法。

（4）交通网络两个相邻节点之间有流量约束的流优化方法。

（5）交通网络两个节点之间有流量约束的最小代价最大流优化方法。

（6）满足交通网络流量增长态势的扩能优化方法。

（7）基于消圈算法的拥挤网络分流优化方法

2. 多品种流交通网络应用优化

针对多品种流网络中流品种多样性造成的几种状态，多品种流交通网络优化也同样面临容量无差异运送代价无差异、容量无差异运送代价有差异、容量有差异运送代价无差异、容量有差异运送代价有差异四种状态下的优化问题。

针对多品种流交通网络四种状态下的优化问题，本专著主要包括多品种流交通网络应用优化部分问题的研究。

（1）容量无差异运送代价无差异条件下，基于网络图重构的多品种流交通网络最大流优化方法。

（2）容量无差异运送代价无差异条件下，基于网络图重构且运送路径有限制的多品种流交通网络最小代价流优化方法。

（3）容量无差异运送代价无差异条件下，基于复合参数及复合指标的多品种流交通网络最小代价流优化方法。

（4）容量有差异运送代价无差异条件下，基于复合参数及复合指标的多品种流交通网络最小代价流优化方法。

（5）容量有差异运送代价无差异条件下，基于复合参数及复合指标且转运点接发能力有限制的多品种流交通网络最小代价流优化方法。

（6）容量无差异运送代价有差异条件下，基于复合参数及复合指标的多品种流交通网络最小代价流优化方法。

（7）容量无差异运送代价有差异条件下，基于复合参数及消圈算法的多品种流交通网络最小代价流均衡优化方法。

（8）容量有差异运送代价有差异条件下，基于复合参数及复合指标的多品种流交通网络最小代价流优化方法。

第九章　交通系统的结构与功能

交通系统是一个复杂的系统，它的组成元素高达 109 个，每个元素都是随时间而变化的。要动态地描述这样一个系统，不进行合理的简化几乎是不可能的。

对任何一个复杂系统的简化，都必须符合以下的简化原则。

（1）可信的

简化后的系统必须是对系统的"模拟"或"对应"。

（2）可知的

数据的采集应是可能的，其结果是可检验的。

（3）可预测的

简化模型能确切地反映系统与其环境之间的"关系"——这种关系能基本准确地反映其必然的内在机制。

（4）可实用的

简化的过程和结论，为实际应用者所接受。

我们从系统的结构、功能分析入手，建立系统的"概念模型"就可获得简化的方法，完成总体建模工作。

第一节　功能—结构分析

笔者认为，系统的功能是系统各元素行为的集合，系统的结构应能充分地发挥系统的功能。交通系统是一个极为特殊的系统，在功能和结构方面均有自己的独特属性。

一、功能

交通系统在功能方面有两个既区别于一般生产部门，又区别于一般服务部门的特殊属性。

1. 无形性

交通在它的时空领域里，使客、货实现了人们所希望的位移。由于这个位移，增加了商品的价值，也使旅客达到了旅行的目的，因此它增加了人们社会活动和经济活动的价值。对交通运输部门来说，对这种增值功能的观念，毫无疑问与对一般生产的观念是相同的。所以，国家把交通运输部门列为五大生产部门之一。然而，交通运输部门与一般生产部门的重要区别是，它没有生产任何产品，它只是在其他产品和其他活动上增值。它的产品是一种无形的产品，这就是它的"无形性"的属性。根据它的"无形性"，许多交通专家认为，交通运输部门不应列为生产部门，而应列为社会服务部门。

2. 无界性

交通运输部门的生产过程与消费过程是同时发生也是同时结束的。这两个过程之间没有界限，故称这种属性为"无界性"。它的这个属性，使更多的专家认为交通运输部门应该属于社会服务部门，而与生产部门有重大区别。

笔者认为，许多专家所指出的"无形性"和"无界性"，的确反映了交通运输部门的基本属性。虽然，我们在这里并不想讨论交通运输部门应列为生产部门还是服务部门，但从交通运输部门的功能分析它的无形性和无界性的特征时，我们得到了一种对它进行简化，又能保持它的本质特征的启示。我们无须研究交通运输部门产品品种的区别，更无须研究运输部门所生产的产品种类，今天如何发展和明天怎样创新，因为交通运输所生产的产品种类只有一种，即"位移"。客与货的位移，形象地说，就是客流和货流。我们可以用客、货流强度，客、货流密度，客、货流速度、流量、流向等来描述交通运输部门的功能，表达交通运输部门的社会服务水平及其产生的价值（或生产水平及其产生的价值）。当然，另一种表示法——用交通流（如车流密度、车流量、车流速等）来衡量交通功能是交通运输部门更愿意采用的。

二、结构

交通设施有基础设施的属性。铁路、公路、机场、管道、码头和航道，都是国家的基础设施，比较固定，所以交通结构也是相对稳定的。但从长远来看，交通结构也在缓慢地改变着。

现代交通结构，正在从单一结构向多级结构发展。最早交通结构是以水运为中心的单一结构，以后是铁路和水运并存的结构，到目前具有 5 种运输方式的综合运输结构。在综合运输结构的内部，5 种交通方式互相补充、互相配合。因为每一种交通方式都有它的特长，因此综合了 5 种交通方式特长的综合交通系统优于单一结构的交通系统。综合运输是交通管理现代化的表现形式之一。

在综合运输内部，各种交通方式的补充和配合，是在竞争条件下的补充和配合，通过竞争，交通结构趋于合理化。

交通规划的目的之一，是充分研究 5 种交通方式的合理配置，求得综合运输的最优结构。

三、功能—结构分析

研究综合运输结构的最优化的目的是使交通系统的功能得以充分发挥。

基本方法是以交通流或客货流的形式，来简化对交通系统的分析，或者说，对交通系统的功能—结构分析，归纳为对交通流的分析。

交通流的基本性质是什么呢？笔者认为，交通流是"有约束的平衡流"。从平衡的角度来说，交通流必须满足供需均衡原则、节点平衡原则等一系列的平衡条件。从约束的角度来说，交通流要受以下几方面的制约：

（1）外部环境的约束，如社会经济系统、地理分布条件等的约束；

（2）科学技术水平的约束；

（3）人的交通行为和观念的约束。

在实际的交通网络上的交通流，必然是满足一切约束条件和平衡条件的。在未来交通网络上的交通流也应满足未来的各种约束条件和平衡条件。所以，从研究交通流入手来研究交通结构，并寻求结构的最优组合，是一种可行的交通规划方法，也是一种最经济的、能用模型和计算机的规划方法。这就是我们的规划方法的基本思路。

第二节　交通系统概念模型

交通系统可划分为三个部分，即交通机构、物质支持系统和交通流系统。交通流系统是我们研究的主题，它反映了交通运输部门的主要功能和交通结构，是为交通机构制定政策和规划服务的。物质系统是交通系统的支持系统。

1.流的发展过程

流的发展过程可分为以下几个阶段：

（1）生成阶段——生成量O—D流矩阵的建立。

（2）运量形成阶段——运量O—D流矩阵的建立。

（3）综合网络流阶段——运量O—D流在综合网络上的配置。

（4）网络流阶段——综合网络流在子网络上的配流，或称第二次配流，即交通结构的确定。二次配流，即交通结构的确定。

2.规划的发展过程

用定量方法制定交通规划，应有以下几个基础模型作为前提：

（1）动态的运量O—D流矩阵；

（2）交通行为模型及交通方式评价模型。

（3）科学技术进步因子研究；

（4）交通综合网络及子网络的现实状况和未来设想。

显然，交通系统概念模型是建立在"交通流是有约束的平衡流"这一基本认识的基础之上的。应该说，交通流反映了交通系统内在的机制，是对交通系统的一个可行的、可信的简化。

第三节　交通流

概念模型，表示了交通流的发展过程，因此有必要将它的概念讲述清楚。

在交通专家的术语中，交通流就是车流量。在道路设计时，总是用车流量（交通流）作为设计的主要依据。在对车流量的宏观研究过程中，往往把它折算为客流量（人次）和货流量（吨）。这是因为不同的交通方式，车流量相差极大，即使是同一种交通方式，由于车型、实载率等的差异，车流量的差别也很大。通常，交通流可用客、货流量来表示，只有在研究子网络时才用车流量来表示。因此，交通流有时候是指车流量，有时候是指客、货流量，下面介绍交通流（包括客、货流）的一般概念。

一、生成量O—D流

生产部门所生产的产品产量，以及生产部门和社会的产品耗量，是产生运量的基础，故总称它们为生成量。大家比较公认的定义是，从生产领域进入流通领域的产品数量称为产量；从流通领域进入消费领域的产品数量称为耗量。

生成量O—D流是产品从流通起点到终点的流量，这种流量是与运输方式、转运次数无关的量。客运问题的生成量O—D流就称为O—D流，它反映了起讫点间的客流量，与运输方式和转运次数无关。

生成量O—D流的重要意义：

（1）反映社会经济系统对交通的需求，生成量O—D流与经济的发展是同步的。所以，它是交通运量预测的根本依据。

（2）反映交通系统要保证社会需求所必需的最基本的运输量。它是最低的、最必要的运量。因此，O—D流是检验交通运输水平的一个基本参照数据。例如，1986年我国的生成量大约为37亿吨物资，每吨物资平均转运2.25次（转运系数），转运系数过大，表示运输效率还有待改进。

生成量O—D矩阵一般可以由各地区的"投入产出表"求得。但是，在一般的投入产出表中，通常存在如下问题：一是价格不统一；二是部门统计口径不统一；三是在库存物资累计和调入、调出量中，常出现与实际调运物资不符的误差。因此，必须编制专门的运输部门的投入产出表，来作为求生成量O—D矩阵的依据。

二、运量O—D流

运量O—D流表示在流通领域中货物流（包括旅客）的起讫点和流量、流向，它与实际的交通网络、交通方式相联系，并反映了实际的转运状况。它的起讫点包含了中转的起讫点。这就是运量O—D流又称为转运O—D流的原因。

运量O—D流的最大意义是，反映了货物实际的流量和流向，因此根据不同的交通方式和物种可分别作出不同的运量O—D流。它应与实际情况基本一致，与统计数据一致，这就需要进行大量的调查工作和综合一切可能得到的、可信的调查统计数据。

运量O—D流，具有巨大的信息量（全信息），它能将各种交通统计和调查数据有机地汇集起来，形成许多个相互关联的O—D矩阵。运量O—D流的"全信息"的含义是，用它可以计算出各种所需要的、定量的数据，作出交通规划的定量分析。

如果说生成量O—D流反映了社会经济系统与交通系统的基本联系，反映了它们之间的供需关系，那么，运量O—D流就反映了流通领域中，交通运输部门完成运输任务的状况，预测的运量O—D流就反映了交通运输部门未来所应完成的运输任务。

运量O—D流是从实际工作中总结出来的一种处理交通运输问题的手段。它是从生成量O—D流到网络流之间的一个阶梯。运量O—D流由于与实际情况逼近，因此受实际交通工作者的欢迎，并为他们所接受。

三、综合网络流

综合网络是一种抽象的网络，它在两节点之间仅用一条与实际主干道接近的弧线相连，来表示两点间的综合交通。它概括地表示了两节点间的铁路、公路、水路、航空、管道等各种交通通道。综合网络是在宏观交通研究中必用的方法。在进行交通规划时，只有从预测的综合网络及其流量入手，才能研究和制定出将来的交通方式及其相应的规划。大通道（或称交通走廊）问题，实际上是综合网络上的主干道（大流量联通的路）问题。

综合网络流近似于实际客、货流。它的两节点间的流量是两节点间用各种交通方式所完成的全部运量。

综合网络流是运量O—D流通过流的配置后得到的，故它接近实际情况。

综合网络流可以从以下两种途径获得：

（1）分交通方式配流

用配流方法将运量O—D流分别配置到铁路、公路、水路、航空、管道等各子网络上，然后叠加，形成综合网络流。

（2）直接配流

用综合的运量O—D流直接配置到综合网络上，形成综合网络流。

这两种方法都是可行的。用第一种方法得到的综合网络流更接近于实际情况，精度也高一些；但用第二种方法能方便地得到未来的综合网络流。

综合网络流只能用客流和货流表示，不可以用车流来表示。

四、网络流

网络流是指各子网络（铁路、水路、航空、管道等）上的交通流量。

1. 简化子网络

在解决宏观交通规划时，综合网络必须是简化的，而综合网络是由各子网络叠加而成的，所以子网络也必须是简化型的。

简化网络流是综合网络流进一步配流的结果。分交通方式的配流又称分流。在分流过程中，必须采用各种评价模型和交通行为理论作为判据。对预测的综合网络流做进一步配流（分流）的过程，便是交通网络规划的过程。所以，可以各子网络配流为交通规划作业。

2. 实际网络流

与实际子网络完全一致的子网络，是微观研究和线路设计所必需的。通常用实测的方法观测车流量，再将其换算为客、货流量来得到实际网络流。

预测未来的网络流也有以下两种途径：

（1）对某一条具体道路的车流量，进行预测，以获得未来的网络流。这是一个传统的方法。它的缺点是明显的，它缺乏全局的、综合的分析研究，仅对一条道路进行预测，其结果是不可能准确的。这种用研究封闭系统的方法来研究一个开放系统，是一种错误的方法。

（2）对综合网络流进行预测（它的预测方法是与经济预测挂钩的），再将预测的综合网络流进行分流，形成未来的简化网络流，然后再对未来的简化网络流进一步分流，就可获得未来的网络流。这种方法是值得提倡的。实际网络流是一个开放系统（实际上也是完全开放的系统）。先全局后局部、从社会经济系统到交通系统、从主干道到一般道路地进行交通研究和规划的过程，是对开放系统必须坚持的研究过程。从研究系统与系统外的环境之间的关系中，了解掌握系统的方法，是系统工程的基本方法之一。

五、边际量

O—D 矩阵的行和及列和称为边际量。例如，生成量 O—D 矩阵的某行和为该节点的产量；某列和为该节点的耗量。运量 O—D 矩阵的某行和为该节点的运出量，即运量；某列和为运入量，即运入该节点的量。

在一般的统计资料中，只掌握了部分边际量数据，如节点的部分产量、运量，而且掌握的边际量的资料一般也是不完全的。例如，它不掌握节点的耗量，也不掌握节点的运入量。

水运的港口、码头记录的吞吐量即为水运 O—D 矩阵的边际量，吞量为运入量，吐量为运出量。

边际量是由 O—D 矩阵计算得到的数据，称为计算数据或派生数据。当然，也可从实际观测中统计求得。

由观测获得的铁路、公路的路口资料或线路密度，不属于边际量。它是 O—D 流经过配流处理后的网络流密度。

第十章 交通网络的层次性

一个国家，特别是一个大国的交通网络是极其复杂的。它纵横交错，交叉点无数，路段也无数，是没有边界的非封闭系统。要从无边无际的交通网络中理出一个头绪来，其重要的方法就是分清交通网络的层次，划清每一个层次的边界。分层次研究交通网络可以说历来就是如此，如在水运网络中，分主干线与支流；在公路网络中，分国道、省道、县道、乡道。

层次划分之后，交通网络问题就可以归结为如下两个问题：

（1）同层次的网络，是一个拥有一定数量节点和弧线的网络

它使无边界非封闭系统的网络问题，化为一个有边界封闭系统的网络问题。

（2）不同层次网络之间的连接，可作为一个"接口"处理

只要"接口"问题处理得当，整个交通网络就可作为一个有若干层次的、每层次相互独立的封闭系统看待，即不同层次网络可以相互独立地求解。因此，层次划分和接口研究是十分重要的。下面介绍处理这些问题的基本方法。

第一节 交通网络的层次结构

交通网络的层次结构是根据地理条件、行政区划分、交通设施等状况人为确定的。我们将联系我国的具体情况，对网络层次、节点划分和弧线的联结等问题进行阐述。

笔者认为像我国这样一个面积大、人口多的国家，交通网络分为三个层次比较适宜。

（1）国家一级交通网络；

（2）省地一级交通网络；

（3）地县一级交通网络。

国家一级交通网络，是为研究国家的主要通道服务的，它应能清晰地反映如下几个方面的问题：

（1）与国外联系的重要口岸及其连通渠道。它的实质是国家交通网络与国际大交通网络的接口问题。

（2）国家重要资源的运输通道。

（3）重要交通枢纽在交通网络中的地位。

（4）行政区域间的联络。

（5）与国家经济发展战略相适应的交通通道。

对于地区网络，应着重研究地区一级的主干道以及地区交通网络与全国的接口问题。地区主干道（或称地区通道）与接口问题，从网络的角度来看，可能是同一个问题。因为，全国通道是联结全国重要城市的通道。地区通道则是联结小城市与全国通道的通道。这就是从大流量的观点出发部署交通通道的方法。全世界许多工业发达国家的高速公路路长，只占其国家所有公路总路长的 1%，甚至 0.5%，但它却容纳了 50%~90% 的交通流。它投资少而效益高、管理方便，是必须采用的最优策略。所以，分层次研究交通网络不仅是为了简便的目的，而是为了优化交通网络的目的。

此外，交通网络的三个层次，是按行政区划分的。从网络建设、投资归口、国土规划、物资调拨等方面来看，也必须这样做，因为交通区划是区域经济的一个部分，从国土使用原则来说，也是必须考虑的因素之一。

任何一个层次的交通网络，都必须覆盖所研究区域的全部领土，将所研究的领域划分为若干个交通区，交通区的形心称为节点。在交通网络中，以节点代表交通区。节点间联结的弧线代表交通通道。交通区内部的交通，称为节点内交通。对层次交通网络而言，节点间的交通就是 O—D 流矩阵。

在全国交通网络中，节点所代表的交通区是比较大的。例如，我们将我国共划分为72 个节点，一个节点覆盖的地域面积为数万平方公里到百余万平方公里。这 72 个节点间的通道，比较清晰地反映了国家正在研究的大通道。节点内的交通，是下一层次（省级）交通网络所需要研究的问题。省一级交通网络一般以县为节点。地区一级的交通网络则以乡镇为节点。三个层次交通网络的研究，通过"接口"问题的研究，得到了补充和修正，达到比较完善而准确的结果。当然，这项研究工作应该由上而下地进行才比较合理。

由上述分析可知，节点的划分是一个十分敏感的问题。节点划分得太粗，会影响其精度，而且脱离实际情况，节点划分得太细，又会使研究工作过于繁重，同时并不能提高精度。因此根据我们的经验，提出如下划分节点的原则。

1. 经济原则

对于经济发达的地区，由于它们的经济地位对全局的影响较大，对其交通区应做精确的研究。因此，交通区应划分得细些。特大城市、重要港口、重要经济区都应单独作为节点或将其划分为较小的区域。就我国目前情况而言，对我国的东、中、西三个地带的节点划分应采取东密西疏的方案。

2. 区域原则

一切行政区域，不论其交通量的水平如何，均设为节点，这显然是从政治角度考虑的。

3. 交通原则

一个节点不宜跨越两条平行的干线。否则，会带来分流的困难。

4. 统计原则

任何节点的划分绝对不能打乱现行的独立的统计区域。例如，从全国交通网络来说，一个专区不能划分为两个节点，对省级交通网络来说，一个县不能划分为两个节点，否则会带来调查工作的困难。

此外，一个节点不能跨越两个省，这也是为了避免统计工作太麻烦。

5. 精度原则

按我们的经验，一个交通网络所具有的节点数，以 40~120 个节点为宜。

第二节　接口问题

所谓接口问题，是指两个层次网络之间的联系、数据的相互关系和相互换算问题，下面从几个方面对它进行分析。

一、O—D 矩阵分析

假定所研究的某地区是全国 O—D 流矩阵中的一个节点，那么，在全国 O—D 流矩阵中，该节点所在行的数值之和为该节点向全国运出。其列数的数值之和为全国运到该节点的运入量。行与列交叉点上的数值为该节点（地区）节点内的运量。因此，可以把运出量分为两部分：节点到节点本身的运量；节点向其他节点运期的输出量。后者称为该节点向全国的辐射量。同理，运入量也可分为两部分，本节点运到本节点内的运入量；

其他节点运向该节点的运入量。后者称为吸引量。

二、配流分析

在将全国 O—D 矩阵向全国交通网络配流时，节点内部的运量与配流是无关的。配流工作只是将辐射流和吸引流在某些通道上配流。如果该地区与外界只有 P 条通道，则配流时辐射流或吸引流都叠加到 P 条通道上。因此，可以用该地区的 P 个邻域的辐射流或吸引流来代表全国对该地区的辐射流和吸引流。

还有一种交通流，既不是从该节点发出，又不是运入该节点的，而只是经过该地区的交通流，我们称为过境流。O—D 流在配流后，全国所有通道上的交通流，凡经过 P 条路段的流量，除了辐射流或吸引流，剩下的均为过境流。所以在 O—D 流配流后，可以将交通流分为如下四类：（1）节点至节点内部的流量；（2）辐射流；（3）吸引流；（4）过境流。

其中，后三种流都经过和该节点连接的 P 通道，即经过与 P 条通道相连的 P 个相邻节点。这样，对地区来说，在全国所有节点中，只有 P 个相邻节点是与该地区相关的。这就大大地降低了地区网络的复杂性。

不同层次网络之间的接口，都贯彻了我们的指导思想：

（1）根据社会经济系统来研究交通系统。全国社会经济系统与地区的社会经济系统仍有从属关系，必须给予考虑。

（2）根据全国的交通状况，研究地区交通状况。

（3）根据综合交通网络，研究某一种交通方式。

（4）全部的调查分析过程是一个整体，也就是说，交通流必须服从"有约束的平衡流"这一基本规律。

第十一章 城市交通规划的"转型升级"及其发展战略

新常态下，我国城市交通发展面临全面转型升级。城市交通规划作为指导城市交通发展的重要公共政策，如何率先主动转型升级，将新时期的发展理念落实到具体的行动计划中，是当前城市交通发展的首要工作。城市交通规划应按照新时期价值取向研判发展趋势，优化发展目标，系统调整规划设计理论、方法和技术体系，将政策和制度设计作为决定性控制环节，推动具体行动计划的实施。

第一节 新时期规划转型的背景

一、经济发展和城镇化转型

改革开放 40 余年来，中国的发展取得了巨大成就，创造了世界经济和城镇化发展史上的奇迹。

经过 40 多年的快速增长后，中国正面临转变社会经济发展方式与可持续增长的严峻挑战。以要素和投资驱动为主的经济和城镇化发展，随着人口结构变化和劳动力成本上升，将面临后续发展动力不足的问题。高投入、高消耗和高污染的发展模式，造成资源、环境、生态约束日趋增强，可持续发展同样面临挑战。城镇化率虽然超过 50%，但大量农业转移人口难以融入城市社会，市民化进程滞后。"城市病"问题日益突出，城市管理服务水平亟须提高。面对上述挑战，国家审时度势，提出了经济体制改革和新型城镇化发展战略，要求不断优化升级经济结构，以创新驱动引领经济发展，走以人为本的可持续城镇化道路。

2015 年 12 月召开的中央城镇工作会议，明确提出我国城市发展已进入新时期，需做到"一个尊重"和"五个统筹"，走出一条中国特色城市发展道路。"一个尊重"即尊重城市发展规律。"五个统筹"即统筹空间、规模和产业三大结构，提高城市工作全局性；统筹规划、建设和管理三大环节，提高城市工作的系统性；统筹改革、科技和文化三大动力，提高城市发展持续性；统筹生产、生活和生态三大布局，提高城市发展的宜居性；统筹政府、社会和市民三大主体，提高各方推动城市发展的积极性。城市工作会议时隔 37 年后再次召开，标志着城市工作再次成为中央战略的重要部署，城市交通规划应充分理解新时期的转型需求，领会中央城镇工作会议和若干纲领性文件精神，切实转变发展理念，优化发展格局，完善发展机制，创新发展模式，为产业转型和城市发展提供新动力。

二、城市交通发展的新形势

当前经济和城市发展遇到的诸多挑战，在城市交通发展中都有具体体现，主要包括交通服务面临多维度发展诉求、传统交通发展模式难以为继、交通发展与环境冲突日益严重、交通政策对人本诉求关注不够、体制机制对交通发展的制约五个方面。

1. 城市交通进入更复合、更多元的发展阶段，面临多维度发展的新诉求

经济全球化和区域经济一体化是当代世界经济发展重要的特征之一，城市之间竞争与合作的空间范围不断扩大，就城市而言则是要求转变城市交通的思维模式，从多维度的空间视野来审视城市交通面临的机遇和挑战。

（1）经济全球化，要求城市置身于全球贸易和社会分工的宏大背景下，高度重视重大交通基础设施的配置和布局，提升交通区位优势，为更好地执行"一带一路"等国家战略、参与全球经济活动奠定坚实基础。

（2）城市区域化，要求突破行政边界约束，统筹与协调更大空间范围的资源配置。

（3）功能差别化，要求综合交通系统功能组织具有差别化的政策导向和更精准的策略安排，适应不同类型城市、城市不同片区发展背景、现状和目标的差异性。

2. 以设施扩容为导向的传统客运模式难以为继，交通结构面临深刻调整

进入 21 世纪，伴随经济和城镇化的发展，城市机动化水平迅速提升。机动化交通需求的增长速度远远超出交通设施供给的增长速度，单纯以交通供给来满足交通需求的发展模式难以为继，城市交通发展模式面临转型变构的深刻调整。

（1）要求更集约的交通设施供应。在经济和城镇化水平继续保持增长的总体发展趋势下，机动化发展仍将处于快速增长阶段，关键地区、关键走廊和关键节点的交通将面临更为巨大的压力，而形成高度集约的交通设施布局是唯一出路。

（2）要求更有效的交通需求管理。需要综合利用各类交通需求管理政策，从源头

上降低不必要的中长距离出行，引导小汽车交通向公交、步行和自行车等绿色交通方式转移。

（3）要求更紧密的交通要素整合。以服务目标为导向，基于交通系统的功能组织，构建多模式一体化的综合交通体系，不仅使各类交通系统充分发挥自身优势，而且相互之间有机衔接形成一体化的网络和服务，全面提升综合交通系统的运输效率，促进社会经济活动的高效开展。

3. 城市交通受外部环境多要素约束，综合协同成为破局的重要抓手

高速增长时期的经济和城镇化发展模式，导致土地和资源利用不集约、环境污染等问题，建立更为集约、节能、生态的发展模式，是实现新型城镇化的必由之路。相应地，要求城市交通全面协调与产业、土地和环境之间的关系，构建可持续城市和交通发展的生态圈，实现城市的经济增长。

（1）交通发展要紧密契合产业发展要求。产业转型升级必然带来交通运输需求的变化，如随着第三产业发展和互联网经济的繁荣，传统大型货物运输逐渐转移到城市外围，电商物流业运输成为城市内部主要货运需求，因此需要在交通设施配置上充分考虑这部分交通需求。

（2）交通与土地需要更深入的互动发展。秉承"TOD"发展理念，从宏观、中观和微观不同层面整合交通设施和土地利用，对优化城市空间结构和功能布局，合理减少交通需求，建设更高效紧凑的城市意义重大。

（3）交通发展要有效降低环境方面的负面影响。积极倡导绿色交通出行，鼓励集约和节能环保交通工具的使用，打造高品质的交通出行环境，提升城市宜居水平。此外，交通发展要充分吸收最先进的科学研究成果，广泛应用大数据分析、云计算、移动互联网和物联网等先进技术，促进交通与产业、土地和环境的融合。

4. 交通政策关乎民生服务，更应体现公平、人本的价值取向

以人为本的新型城镇化，要求重视居民对交通"软环境"建设的诉求，更多关注交通中的公平、健康和安全。交通关乎民生幸福，制定交通政策应充分考虑多元利益主体的不同诉求，体现公平、公正的社会主义核心价值观和以人为本的价值取向。

（1）保障居民基本的出行权利。城市交通应为全体市民提供基本的公交和步行服务，保障各类乘客拥有平等参与社会活动的出行条件。

（2）建设人性化的交通出行环境。通过精细化、人性化的交通设计，包括无障碍交通设计，最大限度地方便各类乘客出行。

（3）制定包容性的交通管理政策。交通管理政策应进行全面、系统的成本—收益分析，通过相互配合的组合政策和综合化的治理手段，充分协调利益冲突，实现全体参与者的合作共赢。

5. 体制机制仍是制约交通发展的重要因素

现有体制机制对交通发展的制约主要体现在三个方面：①政府内部"条块分割"，难以发挥合力的作用；②市场在交通发展中的支配作用尚未完全体现；③政府的施政目标日益广泛，需要建立与之匹配的社会管理模式。推进交通领域的体制机制改革，需厘清政府部门之间、政府与企业之间及政府与市民之间的关系，做好相关制度设计，建立现代交通治理体系。

（1）建立政府部门间的协同工作机制。建立多部门联动的协同工作机制，为不同部门统一工作思路、协调工作内容和履行工作职责提供平台，保障交通规划和政策的执行和落地。

（2）建立政企分开的交通运营管理机制。要区分交通运营管理的公益性和市场性部分，公益性部分主要由政府提供建设和必要的服务支持，针对市场性部分，政府应该简政放权，充分调动企业的积极性，发挥市场在资源配置中的决定性作用。

（3）建立政府与市民"共治"的交通治理模式。变"管治"为"共治"，以"社会共治"的思想，创新城市交通规划、建设、管理机制和方法，注重透明、责任、回应和参与的原则，充分运用社会力量解决交通问题，实现社会利益最大化。

第二节　城市交通规划"转型"核心理念

面对新常态下加快推进结构性改革的新要求，必须牢固树立和贯彻落实创新、协调、绿色、开放、共享的发展理念，更加注重交通与城市的协调发展，更加注重补齐交通发展短板，更加注重交通发展模式的可持续性，更加注重提升运输服务品质，更加注重提升交通管理水平。通过城市交通的转型和升级，引导和支撑新型城镇化发展，走出一条可持续发展的道路。基于新时期发展特征和诉求，从规划、计划、设计和管理等各个环节落实转型升级要求，提出相应的转型理念和思路。

一、规划转型

1. 市域与区域：更具远见地把握规划空间尺度

经济全球化与区域经济一体化是当代世界经济发展最根本的特征，通过区域合作，以城镇群或都市圈的形式参与全球范围内的城市竞争，是纽约、东京等当今世界级大都市的共同选择。目前，我国各地城市群发展迅速，不仅东部地区的京津冀、长三角和珠三角城市群迅猛发展，中部乃至西部的武汉、中原和成渝等数十个城市群也在逐渐形成和发展。新时期交通规划的制定必须突破市域规划空间尺度约束，从都市圈的视野研究城市交通发展战略，谋划更具远见的城市与交通发展格局。

2. 空间与政策：面向不同子系统发展阶段进行差别化资源配置

经过多年发展建设，我国城市交通基础设施得到了不同程度的发展，通过大规模建设，城市交通基础设施相对成熟，各类交通子系统表现出不同的发展阶段特点。新时期要求紧密结合城市和交通发展阶段特征，面向不同交通子系统所处不同阶段总结出差别化资源配置方法，形成一套横向调节各种交通方式的综合调控政策。此外，营造社会经济可持续发展的"交通软环境"是这一阶段交通规划的重要任务之一，即通过一系列公共政策对个体或集体的行为进行引导和规范。这一时期交通政策制定的重点，在于关注不同收入、不同地域人群需求，通过政策调节空间关系。全方位通过法规、条例、规划、计划、方案和措施等政策工具和政策手段，解决交通发展中的公共问题，以达成公共目标和实现公共利益。

3. 专一与多元：从"物质"规划转向"综合"规划

多年以来，我国城市交通发展建设中的投资导向明显。在投资导向阶段，城市交通规划重点是构建完善的基础设施，此时的一个重要特征是通过专业化来提高城市交通建设效率，交通规划的"条条化"和"部门化"特征非常显著。以往的交通规划强调设施建设，规划工作以技术性的物质规划为主。新时期，交通规划将从传统的物质型规划转变为软硬件结合的综合型规划，保障空间规划与土地利用规划、发展规划的充分衔接。这表现在两个方面：一是在规划的内容上，从过去对物质规划的片面强调转变到对城市经济、社会、生态环境和政治等的全面重视，注重交通政策工具的合理使用；二是在参与规划专业人员构成上，也相应地由交建工程师为主体到城市规划、景观设计、经济学、社会学、法律、生态环境和管理学等多学科的专家共同参与。

二、计划转型

1. 从感知到评估：决策支持由感性认知向量化评估转变

利用数字交通规划平台进行整体评估，系统提出下年度各类战略性重大基建项目规划研究与建设安排，实现全局统筹。定期组织的交通整体评估工作包括两个方面：一是对交通需求、设施供给、客运结构、系统运行状况的综合评估，分析交通系统现状存在的问题，找出交通需改善的方向；二是对已实施或者拟实施的重大交通设施项目进行影响评估，综合评价重大项目的实施效果以及它们之间的相互影响，提出重大项目实施时序的优化调整建议和实施的相关保障措施。基于以上评估结果，综合确定下年度需要开展立项、启动前期工作或者开工建设的战略性基建项目，并提出需要开展的重要规划研究项目，提前做好相关项目储备工作。

2. 从蓝图到行动：制订跨越条块分隔的年度实施计划

年度实施计划评估是促成协同实施的关键工作机制，是实现对计划阶段规划管理的重要抓手。以建立综合项目库和开展交通综合评估为技术支撑，每年开展年度实施计划评估。通过系统梳理和汇总各类规划和计划，评估遴选出年度优先实施项目。之后，根据项目的重要程度和建设条件，确定项目优先级别，并综合考虑相关项目间的协同实施要求，调整项目排序，形成协同实施计划。每年利用数字交通规划平台，对交通运行和计划实施情况进行综合评估。基于综合项目库，结合交通评估结果，提出下年度项目前期工作安排、项目建设安排等工作建议，从而实现对计划阶段的规划管理。目前，深圳市基于年度实施计划评估结果，编制和发布年度交通白皮书，已逐步形成了打破条块分隔、自上而下统筹各部门工作的协同实施机制。

3. 从独立到协同：构建面向全过程管理的协同实施机制

城市交通是一个复杂系统工程，涉及众多的子系统，各个子系统相互关联、相互制约。为充分发挥交通系统的整体效率，各个子系统之间需要综合统筹，从规划、建设、运行、管理、服务等各阶段制订协同实施计划，以促进城市交通系统的协同发展。

以深圳为代表的中国大中城市正处在交通系统大规模集中建设阶段，由于现有体制中存在的条块分割、多元建设主体问题，交通工作中的综合协调难度很大，协同实施困难，亟须改进交通规划编制与管理的工作机制。协同实施即通过检验来跟踪城市发展的新动向，调整规划焦距，促进规划的实施，从而保证规划对建设的指导作用。规划编制过程中，通过加强交通与区域和城市发展战略目标之间、交通与土地利用之间、城市各类交通系统之间以及交通系统内部的多层次和深度协调，形成与区域、城市和经济社会发展协同的发展规划；在计划编制中，通过对建设项目进行系统内部和不同系统之间项目重要度、相关关系分析，确定项目优先排序，并提出相关项目之间在时间和空间上的衔接以及建设机制方面的协同实施要求，推动建设计划的有效落实。

三、设计转型

1. 整体下的细节：聚焦功能的交通详细规划设计

通过精细化的重大工程交通详细规划设计，一方面打通衔接规划与实施的关键环节，为建设阶段的管理工作提供直接依据；另一方面落实规划意图，发挥设施整体功能，促进与其他相关设施的协同使用和管理。因此，交通详细规划整体落实设施功能与布局，指导下阶段工程设计，为相关项目审批、方案审查提供依据，起到承上启下的作用。近年来，交通详细规划设计逐步成为深圳交通规划设计体系中的关键步骤、规划实施过程管理中的重要控制工具。

2. 回归人本价值观：把人的需求作为交通规划设计的首要因素

由"关注小汽车使用者"向"关注全体用户"转变，兼顾步行者、自行车出行者、公交乘客、小汽车乘客等多元交通诉求。由"小汽车主导"向"公交主导"转变，以高品质多元公交服务提升城市竞争力，提高交通组织效率，兼顾本地发展公平性。由"关注可达性"向"关注使用者体验"转变，提供多样化特色交通服务，满足多元需求。

四、管理转型

1. 从计划到市场：形成更合理的交通资源配置方式

在公交服务方面，要面向新时期多样化需求建立多层次公交服务，就必须灵活运用政府与市场"两只手"。在小汽车使用管理方面，在城市道路面积增加有限的情况下，要让稀缺的资源得以合理配置，必须抓住市场经济规律，合理利用价格机制，通过经济杠杆引导小汽车合理使用，从而实现资源配置方式的转变。

2. 从被动到主动：工作模式由被动治理向主动管理转变

区别于传统的以解决问题为导向的被动式交通管理工作，主动管理是一种以跟踪、定量化评估交通运行状况为基础，以定量化评估交通系统为手段，强调提前预防、主动响应的管理策略。一方面通过跟踪开展定量化评估，及时识别现在的交通瓶颈和未来潜在的交通问题；另一方面强调构建科学的响应机制作为交通管理的关键环节，更具"主动性"地选择交通管理响应对象、时机及对策，以实现对当前问题的及时响应与处理，以及对潜在问题的预防性改善。

3. 从管治到共治：运用社会力量解决社会问题

城市交通建设既是基础设施布局结构完善的过程，也是交通功能和品质提升的过程。新时期，居民对交通"软环境"建设诉求明显提高，开始更多关注交通中的公平、健康和安全，要求构建宜居、低碳、以人为本的交通环境。与此同时，政府的施政目标日益广泛，如交通文化塑造、交通文明建设等。"社会共治"强调运用社会力量来解决社会问题，把管治的思想转变为共治的思想，注重透明、责任、回应和参与的原则。交通"软环境"的提升，不仅需要政府行政手段推举，更是社会多元主体共同参与的结果。以"社会共治"的思想，创新城市交通规划、建设、管理机制和方法，是新时期交通发展思路的重要转变，也是提升交通治理水平的重要实施路径。

第三节　城镇群发展背景下的交通发展策略

近年来，我国经济社会进入全面转型发展阶段，城镇群一体化发展加速要求构建开放合作新格局，城市产业转型带来人口和岗位结构性调整，城市交通发展进入"转型""变构"的关键时期。与此同时，北京、上海及深圳等中国大城市交通系统经过多年快速发展，基本建设初具规模，进入体系协调、结构调整阶段。因此，把握经济社会转型与城市综合交通发展的结构性演变需求，成为新时期城市交通发展的首要战略任务，重点围绕"调结构"核心思路，转变发展模式，调整发展策略与政策，协调综合交通系统功能组织。

城镇群一体化发展是新时期我国城市发展的显著特征，产业经济、空间组织以及交通需求发展均面临"转型变构"，跨区域商务、生活往来日趋频繁，城市交通在更大范围的都市圈内分布。区域一体化背景下的城市交通发展聚焦利用区域交通走廊引导空间布局优化，构建多层次、一体化的轨道交通体系，推动区域客运组织公交化、一体化发展。

一、区域一体化背景下的城市交通发展特征

区域一体化背景下，生产和生活在区域范围内分离衍生出大量区域商务、通勤出行，出现部分人群周期性、常态化跨城市出行，产业和功能分工突破城市边界在更广的区域范围配置，城市交通出行跨界向区域延伸。

1. 区域客运城市化，呈现多中心、网络化特征

我国东部沿海城镇群发展进入相对成熟时期，区域间生产协作、生活往来联系日益密切，带动区域客运快速增长。次级中心逐渐强大并形成新的发展圈层，出现多个生长点、生长轴。新兴战略发展地区突破以往仅与中心城区单极联系格局，与中心城区、相邻区县及其他城镇群城市建立网络化交通联系。依托新区建设、轨道枢纽地区开发，次级客运中心快速成长，打破既有单中心、强中心区域客运格局。

2. 城市交通区域化，城市交通圈突破行政范围向毗邻区域延伸

受中心城市功能过度集聚、中心土地成本高涨等影响，都市功能外溢，城市交通在"区域"尺度展开，商务往来及通勤通学、休闲出行跨越行政边界向毗邻街镇扩散，城市客运呈现长距离、多层次的特征。城市交通区域化要求通过多种速度层级的轨道交通服务，确保日常通勤圈、中心城市间、商务活动圈等各层级交通出行时间处于合理范围。

二、区域一体化背景下的城市交通发展策略

以城市为主体组织的传统对外交通模式难以适应区域客运发展，要求转向打破行政城市格局的开放体系。轨道交通带来的时空关系变化重构区域格局，交通体系对空间格局的引导作用更为突出，依托多层级交通服务体系高效组织城市群、都市区等区域范围内的生产生活是国际各大都市圈的共同选择。

1. 区域交通走廊引导空间布局优化

根据都市圈的"圈层＋轴带"结构，人口和岗位主要在都市圈放射性发展轴线上的各级中心集聚，沿发展轴线形成的交通走廊将承担大量交通需求，需要提供大运量、快速轨道交通，加强轴线交通需求供给。亟须强化区域交通走廊引导空间布局优化作用，以具有区域功能的交通走廊为主线，以交通组织分区为资源配置基本单元，引领区域空间布局优化。在外围轨道枢纽地区，借助交通区位优势突破城市区域范围，培育区域次级中心。

区域轨道建设使区域服务职能、资源要素进一步向中心城市集中，在中心城区布设密集的轨道交通网络，提供快速、大运量及可靠的交通服务，为保证中心城区的经济繁荣和持续发展提供必需的基础设施条件。

2. 构建多层次、一体化的轨道交通体系

区域一体化发展需要以多层次、大规模轨道交通作为公共交通的主体，满足城镇群

不同圈层出行服务需求。应对不同速度目标值、不同出行特征的客流需求，按照功能和需求进行层次划分、线网和枢纽布局，实现区域轨道系统一体化规划建设。提供高速客运服务，满足区域直达需求，构建城际快速客运交通体系，建设都市区快速轨道引导空间拓展，覆盖都市区主要客流走廊，并串联多个功能中心。

3. 推动区域客运组织公交化、一体化

建立省市多级联合的管理机构，统筹线网层次，明确责任分工，实现多级协商，确定市域范围内的跨区域城际轨道系统等跨界交通设施线位走向和通道选择。建立统筹交通投资机制，构建政府间共同参与的都市区交通系统的管理和运营平台，完善运营补贴补偿机制，实施灵活票制票价政策，引进综合客运枢纽区域票制，满足区域客运公交化组织要求。

第四节　城市综合交通系统功能组织

结合城市发展演化，研判城市交通发展阶段及其主要需求特征，明确交通模式的构成，特别是主导交通方式的功能定位，提出各交通子系统规划建设和运营管理的原则及协调要求，为重大交通政策制定、设施规划建设、运营服务管理提供决策依据。

一、城市与交通发展阶段

《雅典宪章》指出，城市活动可以分为居住、工作、游憩和交通四类，交通实现人和物的移动，对其他三项活动起到支撑作用。城市交通系统演化是城市发展重要组成部分，与城市产业经济、空间拓展和资源环境等存在紧密互动关系。

1. 从工业城市到后工业化城市

城市交通发展向产业经济追本溯源。工业化初期，城市交通系统主要承担大宗散货运输需求，人均出行强度较低、平均出行距离较短。工业化中后期，经济增长对原材料依赖减小，客运需求随着居民生活水平提高而稳步增加。城市进入后工业化阶段，产业结构以高技术产业和服务业为主，人员快速流动成为促进资金流动和贸易活动的关键，高机动化出行需求激增，同时更加注重出行体验，强调交通安全性、舒适性和便利性。

2. 从城市化到大都市区化

大都市区突破既有的城市行政边界，以劳动力市场为城市边界的评判标准，是城市

与周边地区功能整合、互利共生的高级城市化阶段。交通系统作为资源空间配置的重要载体，相应地，城市交通体系也转向都市区层面布局，需同步建设区域快速交通体系，支撑都市区层面人员与物资快速流通的需求。

3. 交通发展受到资源的约束

资源约束下的城市交通可持续发展已成为 21 世纪全球城市发展的共同命题，第 21 届联合国气候变化大会签订《巴黎协定》，将城市交通节能减排提升到新的高度。在资源环境的条件约束之下，不断创新优化城市交通发展模式，加快落实公交优先战略，推进诸如小客车调控等需求管理政策，确保城市交通由粗放式发展向环境友好式发展的转变。

二、城市交通发展模式选择

1. 以小汽车交通为标志

有学者提出，根据小汽车的发展，城市交通发展可以分为前汽车时代、汽车时代和现代综合交通三个阶段

2. 以公共交通为标志

根据公共交通的发展，城市交通发展亦可以划分为三个阶段。

阶段一：社会经济处于较低的发展阶段，主要通过发展地面常规公交系统满足不断增长的交通需求。同时，由于能够对常规公共交通形成有效的补充，公共中巴、小巴等辅助性客运系统逐步兴起。

阶段二：随着社会经济的快速发展，交通需求迅速增长，原有单一的常规地面公交难以满足交通需求，开始投资兴建轨道交通，并开始整合轨道交通与常规公交系统，同时限制辅助客运系统，以提高客运交通系统的效率。

阶段三：社会经济发展到较高水平，通过多模式客运交通方式的全面整合，形成综合、协调和高效的客运交通体系。

三、大城市交通体系协调要点

遵循"分区、分类"的差别化、一体化的原则，提出不同城市、不同地区各类交通模式的功能定位、优先顺序、组织方式、资源配置要求，协调交通与土地利用，推动重大交通政策、发展策略与行动计划的有序实施。

1. 以公共交通提升空间组织效能

完善由区域城际铁路、城市轨道、中运量公交等多种模式构成的公共交通系统，推进 TOD 发展模式。充分发挥公共交通复合廊道对城镇体系的支撑和引导作用，强化公共交通枢纽对核心城市、重要地区的集聚带动作用，突出以轨道交通站点为核心的土地复合利用，推进城市功能整合和优化布局。

2. 多枢纽引导多中心空间格局

区域一体化前景下，经济、人口的承载不应过度依赖核心的特大城市，着重通过区域多中心结构建设，围绕多枢纽体系的交通区位优势，引导多中心空间格局构建，推动区域相对均衡发展，实现整体承载力的提升。通过国家铁路、城际轨道枢纽引入外围中心，提升外围节点面向区域交通区位优势，同时实现外围中心与中心区的快速联系，保障城市中心体系间的区位优势，促进城市空间围绕多中心体系格局进行资源与功能配置。

3. 分区差别化交通政策

城市发展阶段和需求分化加大，促使区域交通体系的构建要强化分区、分层的理念，引导空间格局优化。应遵循"分区"的差别化、一体化的原则，结合城市分区功能组织要求、交通供需关系，提出差别化的交通供给策略，包括重大战略设施、交通需求调控策略等。针对不同城市规模、不同区域、不同走廊的城市活动和交通需求特征，制定不同交通方式的协调策略和布局原则，以大城市客运交通系统协调为例。

第五节　城市交通发展政策

随着城市交通系统和相关影响因素日趋复杂，交通政策逐渐成为落实发展理念、推动规划建设、协调运营管理和改善交通服务的重要途径。近年来，我国也逐渐开始重视交通政策的研究制定，很多城市陆续出台交通白皮书等重大交通政策文件，以达成交通总体发展目标，实现公共利益的最优化。交通政策的制定要求树立公平公正、以人为本和可持续发展等理念，清晰界定市场与政府的职能，合理推动公共参与，协调各类相关政策。

一、当前城市交通发展阶段的政策需求

规划工作是一项政治、法律、经济及文化的综合活动，是科学技术工程、政府治理

行为和市民民众参与三方高度统一的社会实践。随着国内外大城市交通发展逐渐由建设为主向建管并重转变，交通规划也从传统的物质型规划转变为软硬件结合的综合型规划。发达国家或地区的城市高度重视战略政策对交通发展的指导作用，较早地建立了交通战略政策研究的工作机制，滚动定期研究城市交通问题，形成重大交通公共政策与近期行动计划，并以交通战略、交通白皮书等形式在政府部门、社会公众之间发布。应对城市交通问题日益复杂化，以北上广深为代表的国内城市也逐渐开展交通白皮书研究并以政府名义发布，作为大城市交通建设管理的纲领性文件。

城市交通白皮书是指导城市交通发展的综合性文件。首先，它代表政府的意志，系统阐述政府对城市交通发展所提出的目标、战略，以及实现交通发展目标的交通管理政策。其次，白皮书还是政府对市民的承诺，为市民提供一个能够满足出行期望的城市交通系统，保持城市的可持续发展。此外，白皮书还是政府取得市民支持的保障，可以让市民充分了解各项交通政策，从而有效推动城市发展及交通发展目标的实现。

从规划体系来看，城市交通白皮书作为城市政府的交通战略和交通政策的表现形式，一般介于上位法规、规范与中位综合规划、技术性专业规划之间。交通白皮书代表政府的立场和权力，应该与国家、地方、城市等各层面的法律、法规或上位政策在思路和内容上保持一致，它具有权威性。其他规划，如城市总规划、城市社会经济发展规划、城市综合交通规划等，是城市交通白皮书的技术支撑，为其提供决策依据。城市交通白皮书的编制与决策过程也是重要的政府会商与协调平台，由交通相关的所有部门，针对各交通专项规划中的设施方案、政策措施等进行充分统筹协调，并达成共识，形成更具可操作性、科学性的行动方案。

二、城市交通发展政策的制定要点

区别于面向设施的物质规划，城市交通公共政策研究工作有两项基本要求：一是要坚持科学理性，以公共利益最大化为出发点；二是要融入决策全过程，提供科学的工程技术支持和规范的制度安排，为政府科学决策、社会各界认同做好支撑。

1. 树立公平公正的法治理念

依法行政是依法治国的重要组成部分，也是法治政府的本质要求。新时期小汽车调控及专车管理等热点问题出现，交通政策制定和实施面临法理争议、依据不足和程序合法性存疑等问题逐步凸显，如何规制交通政策并使其科学化、合法化，成为当今中国城市交通规划管理面临的重大课题。

我国的交通法规体系则存在立法不完备、配套不完善等弊端，一是还有不少的法律空白，二是对已有的法律或法律已规定的事项缺乏相应的配套法规。有些政策的实施虽然有配套法规，但配套法规自身不完备，需要不断补充和完善。

在遵循上层法律基础的框架下，构建完善推进交通战略政策实施的地方性法规环境。例如，小汽车需求管理政策一般在车辆的生产登记、使用和淘汰等环节发挥作用，在这些环节进一步完善相关法治保障，是我国城市交通需求管理策略有效实施的根本保证。

2. 引导发挥市场决定性作用

《中共中央关于全面深化改革若干重大问题的决定》指出："经济体制改革是全面深化改革的重点，核心问题是处理好政府和市场的关系，使市场在资源配置中起决定性作用，同时更好发挥政府作用。"

为兼顾交通的市场化与公益性，在公共资源分配中，政府应发挥主导作用，充分保障公共利益。在服务提供方面，政府应制定相关政策、法律法规，积极引入市场机制，鼓励由企业作为提供交通服务的主体。其中，定价（收费）、补贴与投融资是政府推进交通市场化的核心抓手：一是通过合理的定价与收费制度，使价格能够反映各种交通方式的所有社会成本；二是通过建立针对性的补贴机制，兼顾低收入等特殊人群的支付能力，保障其基本社会福利；三是建立多元主体参与的交通建设投融资制度，形成财务可持续、风险可控的健康模式。

按照平衡多方利益、兼顾公平效率的要求，在交通建设、管理等政策中以市场化为导向，发挥市场在资源配置中的决定性作用。近年来，尤其是党的十八大以后，以上海、深圳为代表的国内城市越来越重视市场化交通公共政策，采取了地铁上盖物业TOD开发、停车收费等一系列经济手段，达到了高效配置交通资源、经济杠杆调节交通需求的良好效果。

3. 完善公共政策的公众参与

交通战略政策的制定和实施过程须以广泛的公众参与为前提。一项交通公共政策的有效推进实施，不仅要有对政策本身的科学设计，还要有针对公众参与实施过程的制度性程序安排。

公众参与需要规范化、技术化的公共政策宣传。例如，限制车辆拥有或使用的交通需求管理政策（如增加停车收费等），由于影响公众切身利益而容易引发争议。有必要灵活通过海报、广告以及讲座、论坛等多种方式，通过政府官员、业内专家、支持市民等多类人群充分解释和表达观点，不断消除政策的信息壁垒或误会，引导公众理解和支持该项政策。在操作层面，需要有规范的发言人制度、专业的政策宣传团队，制订和实行统一的宣传策划方案。

公众参与需要公开透明的意见征询与听证程序。针对交通战略政策的意见征询与听证程序，应形成制度化的程序安排，细化参与方式、参与对象和参与内容。例如，在战略政策编制、实施、评估等不同阶段，通过遴选市民代表、专家学者等为参与对象，鼓励充分表达意见和观点，达到收集意见信息、推进政策实施的目的。

公众参与需要创新社会自治的运作模式。交通领域的社会自治更多适用于与市民生活息息相关，符合现实民主参政能力的交通公共事务。通过赋予公众有实权的参与机会，让公众发挥基层自我管理的主观能动性，在政府的引导与支持下，承担政策制定、意见征询、组织实施等实际工作环节。这种模式既减轻了政府压力，又提高了相关决策的科学性、公正性和可实施性。

4. 重视政策间的协同性

城市交通系统与土地、经济、环境、社会等诸多因素相关。一项交通政策的研究制定与推广实施，应在城市交通与其他领域协同的前提下，以系统最经济性为制定目标，确保彼此政策间互不冲突、互为补充。

城市交通的关联性要求重视不同政策、法规间的协同机制。以小汽车增量调控政策为例，增量调控政策制定的目标在于缓解城市道路交通拥挤，降低机动车使用引起的城市环境污染。在政策制定过程中，需要充分考虑与环境保护法、物权法和动产法等上位政策法规的协同，同时又需要重视与二手车流通、车管业务和停车收费等相关政策之间的协同性，以保障交通政策的可实施性。

城市交通的系统性要求梳理上下位政策、法规的逻辑以及业务关系，从系统角度，建立多交通政策间互为补充、互惠互利的协同模式，确保交通政策的实施达到预期效果。

第六节　规划案例

一、珠三角一体化综合交通体系的规划建设

在国际环境不断变化、国内经济进入新常态的宏观背景下，珠三角经济社会发展正处在转型升级的巨大变革期。本轮珠三角全域规划以城市群"全域协同""转型升级"为主线，制定省市共同推动珠三角优化发展的行动纲领。

1.规划内容与主要结论

（1）珠三角区域客运交通发展特征

1）区域客运呈现融合发展、高频次、快速化发展趋势。客运需求增长不再以人口规模增长为驱动，而是随着区域一体化融合，由于区域间生产协作、生活往来联系日益密切，带动区域客运快速增长。

2）区域客运走廊多层级、网络化，且走廊功能趋向多样化。城镇空间上进入多级快速增长，生产组织区域化，区域客运交通向多点联系、更均衡的网络化趋势发展。

3）城际客运结构性矛盾凸显，公路主导模式难以满足客运发展要求。既有城际间公共运输方式基础薄弱，随着区域出行需求增长，小汽车主导的城际交通模式难以为继。

（2）发展目标

围绕建设世界级城市群的战略目标，完善与世界级城镇群相适应的枢纽功能，优化国际国内双向开放运输格局；以交通引导城镇群空间结构，塑造均衡便捷的区域运输格局；推进交通可持续发展，构建绿色高效的运输体系；促进交通一体化发展，组织协调开放的运输服务。

（3）发展对策

1）健全对外运输系统，提升国际枢纽和国家门户功能。积极落实国家"一带一路"倡议部署，推动21世纪海上丝绸之路海、陆、空综合运输大通道建设，提升面向亚太地区生产组织中心的功能。

2）完善区域交通布局，引导区域空间优化。构建以广州、深圳为国家级枢纽，内圈层强化，湾区枢纽建设和功能转型同步推进，珠江西岸和外圈层功能提升，促进区域相对均衡发展。

3）转变城际交通组织模式，促进区域一体化发展。构建"多点组织、分区成网"的区域交通组织模式，基于需求特征构建区域一体化的交通系统建设标准和省市统筹的建设运营机制，推进都市区交通设施共建共享和跨境对接。

4）优化区域交通结构，推动多种运输方式协调发展。加强区域铁路、轨道系统建设，确立在区域客运联系中的骨干地位；实现城际"轨道交通公交化"，提升轨道服务水平；大力发展"多式联运"和"空铁联运"，优化多方式衔接。

5）建立协同发展机制，实现交通资源公平、合理配置。组建跨行政区港口协调组织机构，专门协调珠三角各港口群发展；推动南珠三角终端管制区改革；成立区域轨道公司，建立多方式融资机制和渠道。

2. 转型规划/设计要点

（1）关注枢纽内涵和支撑体系。提升竞争力，支撑世界级城市群职能和发展目标。围绕建设世界级城市群的目标导向，梳理珠三角作为枢纽节点，在世界城市体系、全球产业链和国家运输网络中的职能以及相适应的交通支撑体系。

（2）关注交通格局和组织模式。珠三角地区进一步集聚发展的前景下，对经济和人口的承载，不应过度依赖核心的特大城市。通过区域多中心结构的构建，推动区域相对均衡发展，实现整体承载力的提升。

（3）关注协调机制和实施策略。建立协同发展的体制机制，本质上是通过区域和行业统筹，实现资源配置的优化，落实区域交通发展的战略导向，是体现公平性原则的有效途径，也是投资效益和运行效率提升的重要保障。

二、深圳市城市交通白皮书

改革开放40多年来，深圳大力推动交通发展，支撑和引领了经济社会的跨越式发展。在新的历史时期，国家赋予了深圳"一区四市"的新定位，市委、市政府提出建设现代化国际化先进城市的总体目标和创造"深圳质量"的新要求。面对城市定位提升、区域合作加快、小汽车持续增长以及交通环境问题突出等新形势，亟须制定具有前瞻性、系统性的交通发展政策，指导城市交通发展，促进经济社会转型。为此，深圳市决定编制《深圳市城市交通白皮书》（以下简称《白皮书》）。

1.规划内容与主要结论

（1）发展形势

《白皮书》从经济发展方式、城市空间结构、人口结构、居住及就业的空间分布、交通需求特征等入手，提出新时期深圳城市交通将面临以下形势。

1）国家赋予深圳全国经济中心城市、国际化城市等新的城市发展定位，要求深圳充分利用地缘优势，积极参与全球化经济竞争，强化对区域及周边地区经济发展的带动作用。

2）随着经济和人口结构的变化，现代服务业等高端产业从业人口比例进一步增加，常住人口比例提高，将带来交通需求持续大幅增长。

3）区域融合、一体发展，珠江东岸地区将形成以港深为中心的"双核双通勤圈"大都市圈格局，城市交通需求将在更大范围内形成中心集聚、圈域分散的分布形态，关键地区、关键走廊和关键节点在高峰时段通勤交通将大幅增长。

4）近年来，深圳市机动车保有量高速增长，如果不采取综合措施缓和小汽车过快增长，尽快提升公交服务水平，中心城区城市道路交通将陷入严重拥堵困境。

5）随着居民生活水平提高，市民交通出行需求呈现多样化、高标准特点，提升城市交通系统服务水平和出行环境，将是交通发展面临的一项重要任务。

（2）发展目标和发展指标

《白皮书》提出深圳市交通发展的目标是建设全球性物流枢纽城市，打造国际水准公交都市，构建国际化、现代化、一体化综合交通运输体系。提出开放、畅达、可靠、公平、安全和低碳六类交通发展指标。

（3）发展策略与行动措施

为实现上述交通发展目标，《白皮书》提出枢纽城市、公交都市、需求调控和品质提升四大核心交通战略，以及十项交通发展策略和相关行动措施。

1）强化枢纽地位。加强深港合作，以深港共建国际航运中心、深港机场合作、高铁通道、深中通道建设为重点，提升对外交通辐射力和影响力，强化在区域乃至更大范围内的枢纽城市地位。加强大型对外客运交通枢纽与城市交通系统的一体化布局和高效衔接，锚固城市公共交通网络。

2）推进区域一体化。以深港跨境铁路、深莞惠城际轨道为支撑，全力推动以深港为核心、港深莞惠都市圈一体化交通体系建设。从设施完善与政策优化两个方面推进深港跨界交通发展，提供更快速和更方便的深港跨界交通服务。根据深莞惠都市圈空间结构和交通需求发展态势，系统推进都市圈综合交通体系建设，以一体化发展共识统筹三地综合交通发展。

3）融合交通土地。深化落实交通建设引领城市可持续发展政策，建立多层次互动、高效耦合的交通与土地利用协调机制，推动全市土地利用与交通建设的协调发展。着力加强轨道交通对优化城市空间结构、促进土地利用开发的作用，建立以公共交通为导向的城市发展模式。协调交通建设与新城开发、城市更新的时序，实施交通影响评价制度。

4）持续轨道建设。提升已建轨道交通效能，持续推进轨道交通建设，建立覆盖全市主要功能片区的轨道交通网络。以运营管理和都市圈发展要求为指导，大力加强城市发展轴线和中心城区的轨道交通建设，充分考虑重要交通走廊预留建设轨道交通复线的空间。积极探索轨道交通用地开发与投融资建设新模式，形成轨道投融资、建设、运营和资源开发的良性循环，保障轨道交通可持续发展。

5）升级公交服务。以公交提速为工作重点，积极推进快速公交建设，在城市关键走廊构建"轨道＋快速公交"复合公交通道，丰富常规公交线网服务层次和品种。提供多元化公交服务，积极探索创新公交服务体制，全面提升公交服务品质。

6）延伸慢行网络。以轨道二期工程建成运营为重要契机，提高对慢行交通发展的重视程度，大力构建连续通达的步行、自行车交通网络。加强慢行交通与轨道和公交线网的便捷接驳，与绿道网充分衔接，努力营造安全、舒适的出行环境，提高城市步行和自行车交通的活力和吸引力。

7）优化道路功能。加强道路功能优化，引导道路路权分配向公交、慢行倾斜，建设重点向原特区外、新功能区倾斜。在关键交通走廊，优先安排充足的公交专用道、车站设施。新城道路网建设应与土地利用开发协调，在公交走廊同步建设公交专用道等公交设施。结合城市更新和片区交通综合治理工作，完善街区支路网建设，改善微循环交通。

8）引导车辆使用。以调整停车收费为主要抓手，通过设施供给、经济杠杆、行政管理和宣传倡导等综合手段，加大交通需求管理实施力度，引导机动车合理使用，促进城市交通方式结构优化，维持道路交通状况在可接受的水平。

9）提升管理水平。坚持建设与管理并重，在持续交通基建的同时，优化完善设施功能，加强系统整合与统筹管理，最大限度地挖掘既有设施潜力。推广智能科技应用，提高交通运行管理和调度组织水平，为市民提供交通出行信息服务。

10）营造低碳环境。以推广新能源车辆为重点工作，加强交通节能减排，建立健全交通安全管理长效机制，加大对交通安全违法行为的执法力度，深入开展绿色出行和交通安全宣传，营造更环保低碳、更安全可靠的交通出行环境。

2. 转型规划及设计要点

（1）在国内交通领域第一次真正意义上实现了将规划从研究空间布局转向公共政策，通过政策调节空间关系，并推进实施。通过法规、条例、规划、计划、方案、措施等政策工具解决交通发展中的公共问题，以达成公共目标、实现公共利益。

（2）紧密结合城市和交通发展阶段要求，形成一套横向调节各种交通方式的综合调控政策和一套纵向协调"规划—计划—建设—管理"全过程的协同实施体系，总结出面向不同交通子系统所处不同阶段的差别化资源配置方法。

（3）交通规划逻辑起点向经济社会和城市空间结构追本溯源，研究对象从市域扩大到都市圈，创新性地提出大都市圈交通圈层理论，并制定"双核双通勤圈"交通发展战略。

（4）首次明确提出未来深圳轨道交通发展"强轴、加密"战略思路，提出建设"轨道＋公交"复合走廊、"重大枢纽锚固城市综合交通网络"等关键战略。

（5）从计划到市场，推动形成更合理的交通资源配置方式。明确提出要转变以小汽车为主导的交通发展模式，旗帜鲜明地制定了通过经济杠杆引导小汽车合理使用的一系列重大政策。

（6）更加注重提升交通的内涵，强化环境因素的核心地位。首次系统地提出"交通软环境"构建思路，将慢行系统建设提到深圳交通发展史上的新高度，建设资源向公共交通和慢行交通倾斜的发展策略，建设普惠共享的公交都市。

三、深圳市综合交通规划

1. 规划背景

当前深圳面临经济社会进入全面转型发展阶段、区域化合作发展进程加快、深圳特征的城市化进程提速、机动化出行需求继续高速增长等新形势。在新的历史时期，按照建设现代化国际化先进城市的总体目标，加快转变交通发展方式，提升交通发展质量，构建高标准一体化的综合交通体系，强化全国性综合交通枢纽城市地位，成为深圳交通发展的战略任务。

2. 规划内容与主要结论

（1）综合交通发展环境

深圳迫切需要全面提升对外交通竞争力，进一步强化中心城市功能，增强服务区域、服务全国的能力。深圳经济特区范围已扩大到全市，加快完善原特区外交通设施，推进城市交通一体化发展。交通需求持续增长，迫切需要构建各种交通运输方式协调发展的一体化交通体系。交通拥堵区域有所扩大，高峰期公交"乘车难"问题依然突出，整体交通管理水平有待进一步提升。构建资源节约型和环境友好型社会，迫切需要加大低碳绿色交通发展力度。

（2）发展目标

构建高标准一体化的综合交通体系，初步建成全国性综合交通枢纽城市、具有国际水准的公交都市、全球性物流枢纽城市。

（3）重点行动与措施

打造服务全球的海空枢纽。建设综合效益最优的航运中心。加快深水泊位建设，完善港口集疏运体系，着力提高港口管理和服务水平，提高港口综合效益。建设综合服务最优的航空枢纽。推进设施建设，提升机场枢纽功能，深化与香港机场合作，拓展通用航空业务，加快大空港地区规划建设。

构建辐射全国的公铁枢纽。建设高标准现代化铁路枢纽。加快国家干线铁路建设，大力发展多式联运，加强铁路枢纽与城市交通系统的衔接。建设集约型现代化的公路主枢纽。加快重大工程建设，深入开展深中通道等战略性通道项目前期研究工作，全面对接全国综合运输大通道。完成客货枢纽，推进机场、铁路口岸前期研究。

促进区域交通一体化发展。构建更加紧密的深港交通联系，创建大容量、高效能的口岸枢纽体系，推进深港跨界重大交通基础设施建设。提供更便捷的深港跨界交通服务。构建更加融合的深莞惠交通体系，稳步推进城际轨道、干线道路、公交服务和管道运输等方面的一体化发展。

提升城市交通一体化水平。完善一体化的城市道路网。统筹协调城市各类交通设施规划布局，统一规划、建设、运营和管理，建立协同发展机制，全面推进各区道路交通基础设施一体化工作。打造国际水准公交都市。落实公交优先政策，加快形成以轨道交通为骨架、以常规公交为网络、以出租车为补充、以慢行交通为延伸的多模式一体化公共交通体系。

营造低碳绿色交通环境。着力提升交通管理水平。充分挖掘既有设施潜力，统筹交通运行管理和交通需求管理，加强交通拥堵治理，提升道路交通安全水平。大力推动低碳绿色交通发展。完善慢行交通系统，倡导绿色低碳出行，实施节能环保政策，减少交通污染排放，促进新能源汽车应用。

3. 转型规划及设计要点

（1）转型：从计划到规划

采用综合交通规划技术流程组织开展编制工作，通过进行深入的问题分析与形势研判，利用深圳市整体交通模型进行全面的交通需求预测分析，充分重视各类重大交通基建与城市用地协调发展关系，提出五年发展目标和指标体系，统筹协调各类交通系统规划建设。

（2）统筹：从偏重一隅到全局统筹

以深圳市大部制改革为契机，建立由交通运输委和发展改革委牵头、规划国土委和交警共同参与编制的工作机制，兼顾对外和内部交通，形成统筹全市各类交通系统发展，整合规划、建设、管理相关工作以合性一体化规划。

从偏重空间布局整合，到规划、计划和机制多层次一体化整合，包括空间布局规划的多层次整合，交通建设与经济社会、城市发展的协调，工作机制的协同，以及对空间规划、建设项目库和投资计划的系统整合。

加强各类交通系统之间的协调布局。规划不仅重视各类交通系统的衔接，更加关注各交通系统之间的协调布局。例如，结合高铁、城际轨道的客运功能和规划布局，优化调整公路客运场站的发展策略和空间布局规划，制订近期发展计划。

（3）应用：从计划列表到实际管理应用

规划属于宏观布局规划与实施计划相结合的项目，不仅从技术、工程角度落实规划方案的技术合理性、工程可行性，还重点考虑规划计划落实、项目进度推进、相关部门实际管理工作需求、协助部门间协调和领导决策等方面问题。

第十二章 区域绿道设计与交通网络的结合策略

第一节 区域绿道设计与交通网络融合的基础

一、绿道设计中的交通规划

需求分析：需要对区域内的交通需求进行深入分析，包括日常通勤、休闲出行等各类出行目的。

1. 交通需求分析

深入了解和分析区域内的交通需求是首要任务。这包括但不限于日常通勤、休闲出行、商务出行等各类出行目的的需求。对于日常通勤，需要考虑通勤时间、通勤方式选择、通勤距离等因素。对于休闲出行，需要考虑出行时间、出行地点、出行方式等因素。对于商务出行，需要考虑出行目的、出行时间、出行地点等。

2. 内容丰富性需求

为了更好地满足用户需求，需要提供丰富的内容。这些内容包括但不限于交通路线规划、交通方式选择、交通费用估算等。用户需要能够快速地获取这些信息，并根据自己的需求作出决策。同时，内容还需要具备一定的互动性和趣味性，以提高用户的参与度和使用体验。

3. 操作便捷性需求

操作便捷性是影响用户体验的重要因素之一。用户需要能够快速地完成各项操作，包括查询、比较、选择等。此外，界面设计也需要简洁明了，避免用户在使用过程中产生困惑或操作错误。同时，为了方便用户使用，操作步骤需要尽可能地简化。

4. 数据准确性需求

数据的准确性是保障用户体验的重要基础。用户需要获取准确、实时的交通信息，以便作出最佳的决策。因此，需要确保数据的准确性和实时性，并及时更新数据，以保证用户获取到的信息是可靠的。

对区域内的交通需求进行深入分析，丰富内容以及操作便捷性和数据准确性都是重要的需求点。只有满足了这些需求，才能提供更好的用户体验，吸引更多的用户使用该产品或服务。

路径规划：根据需求分析，合理规划绿道路径，确保绿道既能满足通勤需求，又能为休闲活动提供便利。路径规划是确保绿道能够满足通勤和休闲活动需求的关键。

对绿道路径进行定位，了解该地区的居民和游客的主要出行需求。通过问卷调查、实地访谈等方式，了解该地区居民和游客对绿道的需求。

考虑绿道路径所在地的地理、环境和生态特点，如地形、水文、植被等。考虑该地区的气候特点，如雨季、风季等，这些因素可能对绿道路径的设计和使用产生影响。

结合需求分析，明确绿道的主要功能是通勤还是休闲。如果绿道需要满足通勤需求，应考虑设置方便快捷的路径，连接主要的生活和工作区域。如果绿道主要用于休闲活动，应考虑设置更多的休息设施、观景点和活动区域。

根据需求和功能规划，设计具体的绿道路径。在设计时，应考虑行人和自行车的安全、舒适和便利性。考虑设置明显的标识和地图，方便行人和游客找到正确的路径。

在路径规划中，应尽量减少对环境和生态的破坏。在必要的地方设置生态恢复区或植被缓冲区。

根据路径和功能需求，设置必要的设施，如洗手间、照明、座椅、自行车租赁点等。考虑在某些地点设置信息板，提供关于当地生态、历史和文化的信息。

制订维护和管理计划，确保绿道路径的长期使用和保养。可以考虑与社区或志愿者组织合作，进行日常的维护和清洁工作。

在绿道路径投入使用后，持续收集反馈，了解使用情况。根据反馈进行必要的调整，以满足不断变化的需求。

鼓励当地居民和利益相关方参与绿道路径的规划过程。通过合作，可以更好地了解当地的情况和需求，并确保绿道路径真正符合社区的需要。

通过学习其他地方的优秀经验和方法来丰富内容。在路径规划和实施过程中保持灵活性，持续学习和改进。定期回顾并更新路径规划，以适应变化的需求和环境条件。通过以上步骤，可以对绿道路径进行合理规划，确保绿道既能满足通勤需求又能为休闲活动提供便利。

节点设计：在关键节点处，如交叉路口或换乘点，应设计合理的交通指示和引导标识。

安全性考虑：确保绿道设计不影响现有交通设施的正常运行，同时要确保行人和骑行者的安全。

环境友好性：绿道设计应充分考虑环境因素，尽量减少对自然环境的破坏。

二、绿道与公共交通的整合

站点设置：在绿道附近合理设置公交、地铁站，方便人们通过绿道换乘公共交通。①位置选择：在绿道附近选择合适的地点，以便人们能够方便地进入绿道并接近公交、地铁站。考虑人流量和交通便利性，站点应设在绿道的主要入口或交汇点附近。②公交站：合理安排公交线路和班次，以便人们能够轻松地在绿道附近的公交站换乘到所需的线路。根据人流量的需求，增加班次和延长运营时间。③地铁站：在绿道附近建设或优化地铁站，提供便捷的地铁服务。考虑地铁站与绿道的衔接，方便人们从绿道直接进入地铁站。④标识系统：设置清晰、易懂的标识系统，指示人们如何到达附近的公交、地铁站。在绿道沿线设置导向标志，以及在公交、地铁站内设置绿道导向地图。⑤信息推送：通过网站、社交媒体、手机应用程序等方式，实时更新公共交通信息和绿道活动信息，以便人们能够及时了解并合理制订出行计划。⑥合作与宣传：与公交、地铁公司合作，共同推广绿道附近的公共交通服务。在公共交通工具上张贴宣传资料，吸引更多人使用绿道和公共交通。⑦安全措施：确保站点设施的安全性，如设置安全护栏、照明设备等。加强站点周边的监控系统，保障人们的安全出行。⑧持续监测与调整：定期评估站点设置的效益，根据实际需求进行调整和优化。收集用户反馈，了解他们的出行需求和习惯，以便更好地满足他们的期望。

信息指引：在绿道沿线提供公共交通信息，如公交班次、地铁站位置等。

容量匹配：根据绿道流量，合理配置公共交通工具的数量和班次。

多模式换乘：在关键节点设立便捷的换乘设施，如自行车停放区、公交车站等。

时间安排：优化公共交通的时间安排，使其与绿道使用高峰时段相匹配。

三、管理维护与政策支持

法规制定：制定相关法规，明确各方的权利和责任，确保绿道与交通的和谐共存。

维护保养：建立定期维护保养制度，确保绿道的设施始终处于良好状态。

政策扶持：政府可出台相关政策，鼓励和支持绿道与交通的融合发展。

宣传教育：通过各种渠道宣传绿道的好处，提高公众的认知度和参与度。

反馈机制：建立有效的反馈机制，及时收集和处理各方意见和建议，不断改进和完善绿道设计与交通融合。

第二节　绿道设计与交通网络规划

一、绿道网络规划

（一）绿道网络的功能

1. 生态与环保功能

一般来说，绿道网的建设对城市绿化的覆盖率的提高有一定的效果，与此同时，绿道的绿化系统可以对城市水土流失起到控制的作用，在控制和减轻城市交通噪声和热岛效应以及改善城市生态环境方面起着至关重要的作用。例如，武汉东湖绿道就很好地阐释了其植物绿化改善生态环境的作用。同时，绿道网络的建设可以通过其连通性好的特点，在城市中起到促进物种、物质与能量的流通作用。

绿道的生态环保功能可以使绿道系统中物种种类维持多样性，让绿道的功能与结构不单单是简单的道路系统，而是有着更加完备的配套设施，以及对物种多样性的栖息与保护。在原来的生态平衡中创造新的、组织更丰富、功能更全面的平衡系统。提升其内部的调节能力，使外部干扰得到克服，同时促进了系统的平衡，保障了生态系统的安全。

2. 社会与文化功能

当绿道将节点、地域与城市文化内涵相结合起来时，往往肩负着展示城市历史文化的使命。城市绿道连接了城市中众多的文化节点、历史遗迹和街区，不仅提高了这些区域的可达性，而且有效地减少了区位的交通干扰。

绿道可以满足现代人的户外休闲活动。随着城市道路交通的快速发展，机动车成为城市道路的主角。即使将人行车道与机动车道分开，人们仍然无法避免机动车和商业环境的噪声干扰。然而，作为最广泛的城市绿地，城市绿道不仅为人们创造了更加舒适、安全的步行和骑行空间，还为人们提供了以绿化为基础的体育健身、休闲、观光等功能性活动空间。同时，绿道优美的自然环境能够使人们快节奏的生活和高强度的工作竞争带来的压力得到缓解和放松，有利于市民的身心健康。

3.旅游与经济功能

城市的绿道促进了旅游资源的整合，加强了城市之间的互动，促进了相关产业的发展，并增加了沿线土地的价值。这主要体现在两个方面：一方面，城市中的绿道系统一般连接当地的重要景观节点，如滨水绿地、各类公园广场等城市开放空间绿地，不仅对该城市个性化、特色的节点展现其活力，还可以改善其可及性和使用频率。另一方面，在规划和设计城市绿道时，通过将城市绿道的视觉形象与城市的地域特点相结合，能够进一步诠释城市，创造一条可感知的个性化城市绿色长廊，通过它人们可以进一步解读和感知城市，加深对城市的印象。

4.绿色出行与休闲健身功能

绿道不仅将生态自然资源和人工景观相连接、为人们提供了一个人与自然和谐相处的重要场地，而且还方便人们进行各种户外活动，如骑自行车、慢跑、远足和钓鱼等。为市民提供大量户外聊天的空间，是人与人之间沟通的重要场地，同时保证了行人的人身安全，使市民的安全出行得到了保障。

如今，我国绿道网络的建设，既要让人们在休憩娱乐上得到满足、充当着其城市景观功能，又要满足居民的日常通勤功能，实现城市各区域居民的便捷出行，并且满足居民的日常通勤功能。

（二）绿道交通网络规划的特点

系统化的绿道建设具有以下三个特点。

（1）覆盖面广。通过乡村级、城乡级、城市级和区域级等级别不同的绿道构成一个合理科学的网络系统，服务于更广泛的区域。

（2）可达性高。一部分游客、居民无法进行游乐活动的自然场所，经过系统规划之后开始进行绿道建设，并形成了较为健全的绿道系统。

绿道的高可达性不仅给居民提供了健身活动的场所，也给观光旅游的游客提供了一条兼备安全性、可达性高的道路系统。

（3）连通性良好。绿道网络将人们及其居住区周围的开放空间与重要的风景名胜区相连，以帮助人们享受更好的户外生活。连通性良好作为绿道特点之一，可以让城市内的各类公园绿地、滨水景观、广场等相互连通，能够有效提高绿道的使用率，给市民去目的地提供一条连通性好的道路。同时将城市绿道与区域绿道、郊野绿道相连通，既方便人们日常出行，也方便人们远足、旅游等户外休闲活动，发挥绿道的旅游与经济功能。连通性良好可以有效带动当地的旅游业，进而对经济的发展也有一定的促进作用。

（三）绿道网络的规划原则

1. 人性化原则

绿道规划设计应致力于城市居民能绿色出行，串联自然资源和连接各功能板块，绿道可以为远离传统公园的人们提供户外空间，增加居民亲近自然的可能性。

绿道非常适合居民参加骑行、慢跑、远足等户外活动，为人们提供宽敞的户外交流空间，成为居民日常交流的重要场所，使居民出行的便捷性、安全性均得到了提高；绿道也为人们提供了安全、舒适的出行环境，上下班人员和上下学儿童可选择的无车辆干扰通道。通过减少对汽车的依赖，绿道连接了人们和社区，改善了空气质量，减少了道路拥堵。

注重人性化原则来建设绿道网络系统，通过对绿道服务设施系统的建设与完善，为人们绿色出行提供了保障。突出以人为本，坚持安全第一的规划原则，注重慢行，避免与机动车发生冲突；通过制定绿道安全使用指引、标识系统，提升绿道的应急和安全防护指数，充分保障使用者人身安全，体现绿道的人性化要求。

2. 协调性原则

绿道规划要与本地现状资源和经济社会情况等紧密结合，与周边环境协调，与道路系统、河流水系、绿化系统、环境治理相协调以及其他相关项目。

与道路建设协调：绿道规划应考虑绿道与道路建设的协调，明确机动车道和非机动车道的功能，保障市民的安全、健身、娱乐等功能需求。

与园林绿化的协调性：绿道与园林绿化相互协调，园林绿化能给绿道增加负氧离子、调节气候、美化绿道环境、吸收声波、降低噪声。

与排水防涝、水系保护与生态修复的协调性：绿道的绿化系统完善有助于水土保持、防风固沙。对环境修复有着重要的作用。

与环境治理的协调性：绿道的生态系统完善，有着净化空气、改善环境的作用。与环境治理相互协调，能为鸟类提供栖息的场所，促进人与自然的和谐相处。

3. 特色性原则

绿道网络的规划要将当地特有的历史人文资源、自然地理条件资源与环境资源等相连接，突出资源特色，将景观与区域内的特色相融合，城市的主要自然人文景观和重要的绿色开放空间与交通系统的绿地系统相连，形成绿色休闲网络体系，突出地域风貌，展现多样化有特色的景观。

通过绿道系统将现状自然、人文景观连接起来，在绿道规划时把握特色性原则，突出当地独有的资源环境特征，增加各历史文化、旅游资源、生态公园等地点之间的连通性，为人们提供舒适便捷的通行绿道。

同时需要根据自然条件的不同，因地制宜，选取不同的栽植主题，规划季相变化丰富的植物配置和相应的绿道配套设施，提高每段绿道的特点及绿道的识别性。

4. 系统性原则

绿道的规划不仅要对城市发展进行考量，并且要与相关规划，整合区域内各种自然和文化资源相连通，加强城市内部联系，从而形成系统的绿色网络，发挥绿道的各类功能。

系统性原则保证了绿道连通性好、可达性高、覆盖面广。通过绿道网络系统的建设，将各城市、乡镇、社区之间联系起来。在城市绿道网络中，遵守系统性原则，使绿道网建设完整，绿道能够连接居民与周边的公园绿地，使居民可以有一个系统的、可达性高、连通性好的休闲健身的非机动车道。绿道将机动车道与非机动车道分隔出来，也能为居民的通勤交通起到一个安全保护的作用，保证居民的人身安全。

5. 生态性原则

生态性原则对绿道规划起到非常重要的指导作用，尊重自然、顺应自然，不能通过建造绿道而过度破坏生态环境，减少对自然环境、水系、地形地貌、历史文化资源的干扰和影响，避免大规模拆迁建设。通过绿道将乡野分散的风景片胜区、历史人文资源等连接起来，构造城乡一体化的生态绿道网络。

在支持区域生态安全格局建设、优化城市生态环境的基础上充分结合现有地形、水系、植被等自然资源特点，避免大规模、高强度开发，维护和修复原有生态环境绿道及周边地区的功能，协调保护、发展的关系，维护和改善重要绿廊道和线路景观的生态功能和生态环境，满足绿道规划的生态要求。

生态绿道的产生可以概括为"协调、保护与恢复"，对生态型绿道进行划定和保护，把握城市发展的规律，使城市发展与自然和谐相处。

人在绿道建设机制中的作用是规范和保护绿道的生态原则。在规划绿道时，要注意生态原则。我们不能只关注人类的利益，进行大规模的人工系统建设。只有充分认识到这一点，才能避免"意愿是好的，结果却是坏的"的悲剧。

二、绿道网络规划策略

根据以上内容，可以从以下几个方面完善湘潭县绿道网络体系，为湘潭县及全国其他城市的绿道建设提供借鉴和引导。

（一）城市绿道应充分利用城市现状资源

从绿色出行的理念出发，在对现状资源有充分调研的前提下，对城市道路系统、街旁绿地、绿化带、水体、荒地等多种土地形态资源充分利用，突出绿道的线路特色，带动绿道沿线地区的活力和发展，也为绿道沿线的土地利用提供高价值。

同时，充分利用现有的城市慢行交通系统。即使充分利用现状资源已成为一种应该遵守的理论基础，却依然有很多城市的绿道规划对原有的慢行交通采取直接使用的现象，导致绿道使用者舒适度的下降。因此，绿道的利用效率会逐渐下降，达不到原本设计的效果。

（二）城市绿道应优先连接景观资源

优先连接景观资源是绿道规划中重要的策略之一。优先连接景观资源可以为市民休闲娱乐、游憩健身提供一条可达性高、安全性高的绿道。城市内的景观资源众多，把各类资源通过绿道串联起来，使其连通性更好。

绿道具有绿色出行与休闲健身的功能，而连接景观资源可以让市民更加有动力出行，在出行过程中丰富的景观可以让人们心情愉悦。

（三）绿道规划应因地制宜

因地制宜顺应地形地貌、水流等自然环境去规划绿道，既可以避免大量开挖动土，也可以响应绿道经济适用的功能。合理利用地形地貌、水流驳岸等资源，加以适当的开发和规划，使绿道网络的建设可行性更高。

建设绿道因地制宜是很重要的一环，只有因地制宜顺应其本来的地形地貌、河流水系，就可以避免资源浪费，同时降低绿道建设的难度。

三、绿道网络规划方法

（一）城市绿道游径应充分利用街旁绿化带

城市现状道路大部分都有街旁绿化带，在现状机动车道路街旁建绿化带时与绿道建设可以共享绿化带，充分利用街旁绿化带，具有可行度更高、建设成本更低等优点。

城市现状道路的大部分都设有街旁绿化带，这是一个值得充分利用的资源。在建设绿道时，可以利用现有的绿化带，无须再额外占用城市空间，从而降低了建设的难度和成本。

通过共享街旁绿化带，绿道建设可以更加可行和高效。一方面，由于利用了现有的绿化带，绿道建设无须再进行大规模的土地征收和拆迁，从而避免了由此产生的社会矛盾和费用。另一方面，由于建设成本降低，绿道可以更快地建成并投入使用，为市民提供更好的生活环境。

此外，街旁绿化带不仅可以为绿道提供物理空间，还可以美化城市环境、净化空气、减少噪声等。通过合理的规划和设计，街旁绿化带可以与绿道完美融合，共同构成一个健康、舒适、美丽的城市生态空间。

总地来说，充分利用街旁绿化带进行绿道建设是一个既环保又经济的方案，对推动城市可持续发展和提升市民生活品质具有重要意义。

（二）绿道设施应充分利用现有设施

绿道设施应充分利用现有设施，控制好建设设施数量与规模。结合城市内景观资源建设绿道设施，如公园绿地、广场、滨水等景观资源，合理利用现有的设施资源，避免资源浪费等情况的发生。

调查与分析：对城市内的绿道设施进行全面的调查，了解现有设施的使用情况、维护状况和存在的问题。通过这一步骤，可以明确哪些设施是可用的、哪些设施需要更新或替换。

制定规划：基于调查结果，制定详细的绿道设施建设规划。规划中应明确设施的数量、规模和布局，并考虑与周围环境的协调性。

结合景观资源：在规划过程中，应充分考虑城市内的景观资源，如公园绿地、广场、滨水等。将这些资源有机地融入绿道设施建设中，不仅能提升设施的观赏性，还能更好地整合城市资源。

合理利用现有设施：对于现有的绿道设施，如状况良好，应优先考虑对其进行升级改造，而不是完全重建。这样可以节省成本，并减少对环境的破坏。

引入可持续理念：在建设过程中，应注重采用环保、可持续的材料和技术，确保绿道设施在满足功能需求的同时与环境保护相协调。

公众参与：鼓励公众参与到绿道设施的建设过程中来，收集他们的意见和建议。这样可以确保设施的建设真正满足市民的需求，提高其使用率。

后期维护与管理：绿道设施建成后，需要定期进行维护和管理，确保其长期稳定地服务于市民。为此，应建立一套完善的维护管理制度。

持续监测与评估：定期对绿道设施的使用情况进行监测和评估，了解市民的使用习惯和反馈，以便对设施进行持续的优化和改进。

通过以上这些具体的操作步骤，不仅可以确保绿道设施得到充分利用并控制好建设规模，还能促进城市与自然的和谐共存。

（三）城市绿道应充分利用现状城市慢行交通

城市慢行交通是由非机动车道与人行道组成的，特别是对于湘潭县这类中小型城市，大部分市民通勤主要就是依赖城市慢行交通。慢行交通也是绿道建设的组成部分之一，所以要充分利用城市慢行交通来进行绿道的建设。

城市慢行交通是中小型城市的重要基础设施，特别是在湘潭县这样的地方，由于人口密度较高、道路状况复杂，慢行交通成为市民出行的主要方式。非机动车道和人行道构成了慢行交通的主体，为市民提供了安全、便捷的出行条件。

慢行交通不仅是市民通勤的主要方式，也是城市绿色出行的重要组成部分。它与绿道建设密切相关，相辅相成。绿道建设强调生态、文化和休闲功能的融合，慢行交通则为其提供了舒适的基础设施。通过将慢行交通与绿道建设相结合，可以提升城市的整体形象，增强市民的生态环境意识，推动城市的可持续发展。

为了充分利用城市慢行交通进行绿道建设，政府和相关部门可以采取一系列措施。首先，对非机动车道和人行道进行优化改造，提高其通行效率和安全性。例如，拓宽人行道、设置隔离设施、增设非机动车停车设施等。

其次，在绿道建设中融入慢行交通元素，如建设自行车道、步行道等，将绿道与慢行交通网络有机衔接。这不仅可以提高市民的出行体验，也有助于提升绿道的整体品质。

此外，政府可以出台相关政策鼓励市民使用慢行交通方式出行，如设立骑行奖励、提供公共自行车租赁服务等。通过这些措施的实施，可以进一步推动城市慢行交通的发展，从而更好地促进绿道建设。

总之，中小型城市的慢行交通作为市民出行的主要方式之一，与绿道建设息息相关。充分利用城市慢行交通进行绿道建设不仅可以提高市民的出行体验，也可以推动城市的可持续发展。因此，政府和相关部门应当重视慢行交通和绿道建设的发展，为市民创造更加便捷、生态、安全的出行环境。

（四）城市绿道应优先串联滨水、公园、广场等城市开放空间

优先连接居住区等现状景观资源，给市民以连通性高的绿道来连接居住区与城市之间的景观资源，同时绿道的建设也保证市民的人身安全，给市民日常通勤也带来了便利。

结合现在的景观资源，优先在绿道建设时连接现有的景观资源，合理利用并加以适当的开发，让市民通往景观处的道路连通性更好，绿道保障市民的安全，可以让人们绿色出行。

城市绿道与滨水绿地串联，可以有效促进城市滨水环境改善和功能发展，充分利用现有的堤坝和桥梁，在保证排水、防洪、安全的前提下，创造亲水空间。

依靠水资源建设城市的环境景观，让水系景观的存在使人们的生活质量不断提升，城市也能越发变得生态宜居起来，水所具有的独特亲和力和城市中的硬质建筑形成对比，如水的灵动、流畅等优点，合理利用水资源打造景观视觉效果好的绿道，有利于体现城市的活泼、有生命力的特点，成为城市的特色名片，也有利于带动城市旅游业的发展。

从生态角度来讲，滨水区可以促使人们的居住环境与自然环境协调平衡发展；在经济层面，城市滨水区具有高质量的游憩和旅游资源潜力；从社会角度来说，绿道的构建能使城市的宜居性得以提升，为各类活动提供舞台；在城市形态层面上，城市滨水区对一个城市的发展有着很大的影响，对一个城市的整体感知具有重要意义。所以滨水空间的绿道规划显得尤为重要，利用好城市滨水的优势，建设一个功能全面的绿道，给人们带来幸福感和满足感。

（五）城市绿道选线水系绿道应顺应水系流向规划

城市绿道规划应顺应水系流向规划，给人们提供滨水步道和自行车道，城市有河流水系资源时一定要利用滨水的优势来做绿道的选线规划。

水系从古至今一直是人们所向往亲近的场所，水所代表的品质也一直是非常美好的寓意，水对城市来说更应该受到重视和合理利用、开发。滨水也被称为滨水绿地，与城市硬质建筑相协调有利于人们在繁重的生活压力中得以放松与休憩，城市的滨水绿地既有自然景观又有人工景观，对城市来说尤为独特和重要。对滨水绿地的建造，就是要充分将现状水系资源利用起来，并且结合绿化和周围环境相协调，在保证安全的前提下营造滨水场地，提供亲近自然的场所，使自然开放空间在调节城市和环境中发挥越来越重要的作用。因此，建设科学、合理、健康的滨水绿道显得尤为必要。

（六）郊野绿道应顺应地形地貌

郊野绿道应顺应地形地貌，充分利用现有的登山径、远足径、郊游径、森林防火道等，防止建设绿道时对自然生态系统和动植物栖息地等区域的破坏。

避免过度施工动土，动用大量人力，造成绿道建设造价高等情况的发生。

第三节　绿道设计与交通网络融合路径

随着城市化进程的加速，人们对生活环境的要求也越来越高。绿道作为一种重要的城市开放空间，不仅能提供休闲游憩的场所，还能改善生态环境，提高城市的生活品质。然而，绿道的设计与交通网络的关系也成为我们需要关注的焦点。如何实现区域绿道设计与交通网络的融合，成为当前城市规划的重要议题。

一、绿道设计的理念与实践

绿道是一种线性开放空间，通常沿着自然廊道（如河岸、山脊）或人工廊道（如道路、铁路）设计，旨在提供人们休闲、游憩和运动的场所。绿道设计应遵循生态优先、以人为本和整体性原则，确保绿道与周边环境的和谐统一。

实践中，绿道设计可以通过以下措施实现。

保护和恢复生态环境：绿道设计应优先考虑生态保护，通过植被恢复、湿地保护等措施，减少对自然环境的破坏，同时提高生物多样性。

串联休闲空间：绿道可以串联公园、广场、文化遗产等休闲空间，形成完善的休闲网络，提高城市居民的生活质量。

融入文化元素：绿道设计可以融入当地的文化元素，通过景观设计、艺术装置等方式，展示城市的历史、民俗和文化特色。

完善配套设施：绿道应配备完善的步行道、自行车道、休息设施等，满足不同人群的需求。

二、绿道设计与交通网络的关系

绿道设计与交通网络的关系密切，二者相互影响、相互促进。首先，绿道设计应该考虑交通网络的布局，避免绿道成为交通的"瓶颈"。同时，绿道也可以作为交通网络的补充，提供更加便捷的出行方式。其次，绿道和交通网络共享部分资源，如道路、桥梁等，如何合理利用这些资源，降低建设成本，也是我们需要关注的问题。

绿道设计与交通网络的关系是现代城市规划中不可或缺的一环。这二者紧密相连、相辅相成，共同为城市的可持续发展和居民的生活质量作出贡献。

首先，绿道设计对交通网络有着显著的影响。在规划阶段，设计师需要全面考虑现有交通网络的布局，确保绿道的设计不会对交通造成瓶颈效应。例如，在繁忙的交通路口，绿道应避免穿越或以其他方式影响交通流。同时，在道路设计上，可以考虑设置专门的自行车道或步行道，以减少行人和骑行者与机动车的冲突。

其次，绿道也可以作为交通网络的补充。在城市中，尤其是大都市区，交通拥堵是常见的问题。此时，绿道作为一种非机动化的出行方式，可以为市民提供更加便捷、健康的出行选择。例如，连接公园、学校、商业区的绿道，可以为市民提供短途出行的便利，从而减少对机动车的依赖，缓解道路交通压力。

再次，绿道和交通网络在某些情况下会共享一些基础设施，如道路、桥梁等。如何合理利用这些资源，避免重复建设，降低成本，也是规划时需要关注的问题。例如，在河流或湖泊附近建设的绿道，可以利用现有的桥梁或堤坝，设计出既方便行人或骑行者使用，又不影响原有交通功能的绿道。

最后，从长远的角度看，绿道设计和交通网络的优化可以提高城市的整体品质和生活质量。一个设计合理的绿道系统不仅可以提供便捷的出行方式，还可以改善城市的环境质量，提高市民的生活满意度。而与交通网络的有机结合，更可以使绿道成为城市发展中的重要组成部分，推动城市的绿色、可持续发展。

三、绿道设计与交通网络融合的策略

规划先行：在规划过程中，应树立创新理念，突破传统思维的束缚。例如，可以考虑将绿道与城市地下空间、高架桥下空间等相结合，实现空间的共享和最大化利用。同时，应关注城市未来的发展需求，为未来的交通网络调整预留空间。在绿道设计和交通网络规划的初期，应充分考虑二者的关系，制订科学合理的规划方案。这需要政府、规划师、市民等各方的共同参与，共同商讨。

资源共享：绿道和交通网络可以共享部分资源，如道路、桥梁等。通过合理的规划，可以降低建设成本，提高资源的利用效率。在绿道规划过程中，应充分整合现有的交通资源，包括道路、公交、地铁等，使绿道成为连接各个交通节点的纽带。同时，通过合理的交通组织，降低机动车对绿道的干扰，保障行人和非机动车的安全。

强化衔接：在绿道和交通网络的衔接处，应加强设计，提高衔接的便利性和舒适性。例如，可以在绿道旁边设置公交车站、自行车租赁点等，方便市民的出行。

倡导绿色出行：通过宣传和教育，引导市民选择绿色出行方式，如步行、自行车等。这样可以降低交通压力，同时可以减少空气污染。

设立绿道交通节点：在绿道的关键节点处，应优化交通节点设计，设置合理的交通转换设施，方便人们在不同交通方式之间切换。此外，应重视交通节点的景观设计，使其成为绿道的亮点和标志性景观。在交通网络的关键节点设立绿道出入口，方便人们进出绿道，同时有助于提高交通网络的通行能力。

建立完善的指示系统：在绿道沿线建立完善的指示系统，引导人们使用绿道，同时有助于提高绿道的利用率。

制定合理的交通管理措施：针对绿道周边的交通状况，制定合理的交通管理措施，如设置限速标志、禁止停车等，以保证绿道的安全使用。

建立智能交通系统：借助现代科技手段，建立智能交通系统，实现绿道交通的智能化管理。通过实时监测和数据分析，优化交通流线，提高绿道的通行效率。

四、案例分析

以某城市的绿道设计与交通网络融合为例。该城市通过科学合理的规划，实现了绿道与交通网络的良好衔接。在具体实施过程中，该城市充分考虑了市民的出行需求，设置了完善的公交车站和自行车租赁点。同时，该城市还倡导绿色出行方式，通过宣传和教育，引导市民选择步行、自行车等出行方式。该城市在绿道设计中充分考虑了交通网络的需求。在绿道与交通网络的交汇处，设立了专门的出入口和指示牌，使人们可以方便地进入绿道。同时，该城市还对进入绿道的车辆实行了限速和禁鸣等措施，以保证绿道的安全使用。此外，该城市还提倡人们使用公共交通、骑行、步行等绿色出行方式进入绿道，以减少对环境的污染。这些措施不仅提高了市民的出行效率，也改善了城市的生态环境。

区域绿道设计与交通网络的融合是一项复杂而重要的工作。我们需要充分考虑二者的关系，制订科学合理的规划方案。通过资源共享、强化衔接、倡导绿色出行等方式，可以实现绿道与交通网络的良好融合。这不仅可以提高城市的出行效率，也可以改善城市的生态环境，提高城市的生活品质。在未来的城市规划中，我们应该更加重视绿道设计与交通网络的融合问题，为市民提供更加便捷、舒适的生活环境。

参考文献

[1] 马斌.立体交通相依网络复杂特性及网络结构优化研究 [D].兰州交通大学,2023.

[2] 方晟浩.城市应急网络构建优化模型与算法研究 [D].兰州交通大学,2023.

[3] 刘根基.城市轨道交通网络脆弱性评价及应急救援点配置优化研究 [D].扬州大学,2023.

[4] 宇文翀.综合交通背景下干线公路网交通需求预测与布局方法研究 [D].东北林业大学,2022.

[5] 魏赟.基于物联网的智能交通系统中车辆自组织网络建模与仿真 [M].中国铁道出版社,2022,12:148.

[6] 张宏昊.基于复杂网络理论的交通网络鲁棒性分析与关键节点识别 [D].华东交通大学,2022.

[7] 蒋世洪.城市公共交通网络关键节点识别研究 [D].西南大学,2022.

[8] 余森彬.交通网络重要点边识别方法研究 [D].北京交通大学,2021.

[9] 王甫园,王开泳.珠江三角洲城市群区域绿道与生态游憩空间的连接度与分布模式 [J].地理科学进展,2019,38(3):428-440.

[10] 苏镜科,张俊竹.水印绿廊——广东省 3 号绿道东莞段区域绿道改造设计 [J].设计,2017(23):12-13.

[11] 刘滨谊.现代景观规划设计 [M].南京东南大学出版社,2017.

[12] 彭瑗.绿道规划设计思考 [J].四川建筑科学研究,2015,41(3):117-121.

[13] 张照霞.探讨滨水小城镇绿道的规划设计方法——以海南省白沙滨水绿道为例 [J].黑龙江科技信息,2014(16):251-252.

[14] 胡智英,宫媛.铁路交通廊道与城市绿色廊道兼容设计研究——国内外相关案例的启示 [J].城市,2013(11):69-72.

[15] 李洁,叶有华,林石狮.城市绿道设计理念初探——以深圳市城市绿道为例 [J].

资源节约与环保,2013(7):229.

[16] 郭微,林石狮,叶有华,等.深圳市区域绿道沿线植被景观空间格局 [J]. 仲恺农业工程学院学报,2013,26(1):44-49.

[17] 司马晓,黄卫东,丁强.2012 年"华夏建设科学技术奖"获奖项目 (二等奖) 深圳市绿道网规划与设计项目群 [J]. 建设科技,2013,(1):36-39.

[18] 雅克·博德里,高江菡.法国生态网络设计框架 [J]. 风景园林,2012(3):42-48.

[19] 庄荣,陈冬娜.他山之石——国外先进绿道规划研究对珠江三角洲区域绿道网规划的启示 [J]. 中国园林,2012,28(06):25-28.

[20] 珠三角绿道网建设专题 [J]. 建筑监督检测与造价,2012,5(2):63-76.

[21] 金利霞,江璐明.珠三角绿道经营管理模式与区域协调机制探究——美国绿道之借鉴 [J]. 规划师,2012,28(02):75-80.

[22] 高长征,王成晖,宋亚亭.珠三角区域绿道建设与管理问题研究 [J]. 规划师,2011,27(S1):153-158.

[23] 吴隽宇.珠三角区域绿道网建成环境的人地关系评价体系研究框架 [J]. 价值工程,2012,31(3):296-298.

[24] 黄伟钟.浅析广东省区域绿道 4 号线花都段的规划建设 [J]. 中华建设,2011(9):92-93.

[25] 庄荣.基于生态观的珠三角区域绿道网规划编制探讨 [J]. 规划师,2011,27(9):44-48.

[26] 高阳,肖洁舒,张莎,等.低碳生态视角下的绿道详细规划设计——以深圳市 2 号区域绿道特区段为例 [J]. 规划师,2011,27(9):49-52.

[27] 珠三角绿道网建设专题 [J]. 建筑监督检测与造价,2011,4(Z1):82-92.

[28] "生态城市:创新与发展"青年论文竞赛获奖作品介绍 [J]. 城市发展研究,2011,18(7):8-10.

[29] 江芳,郑燕宁.构筑绿道网络系统,构建生态区域绿廊 [J]. 中外建筑,2011(5):92-93.

[30] 珠三角绿道网建设专题 [J]. 建筑监督检测与造价,2011,4(2):73-76.